全身圖・頭、內臟構造

（從正面看我們的身體）

眼球
口腔
大腦
鼻翼
甲狀腺
氣管
肝臟
肺
大腸
小腸
心臟
胃
輸尿管
胰臟
膀胱
尿道

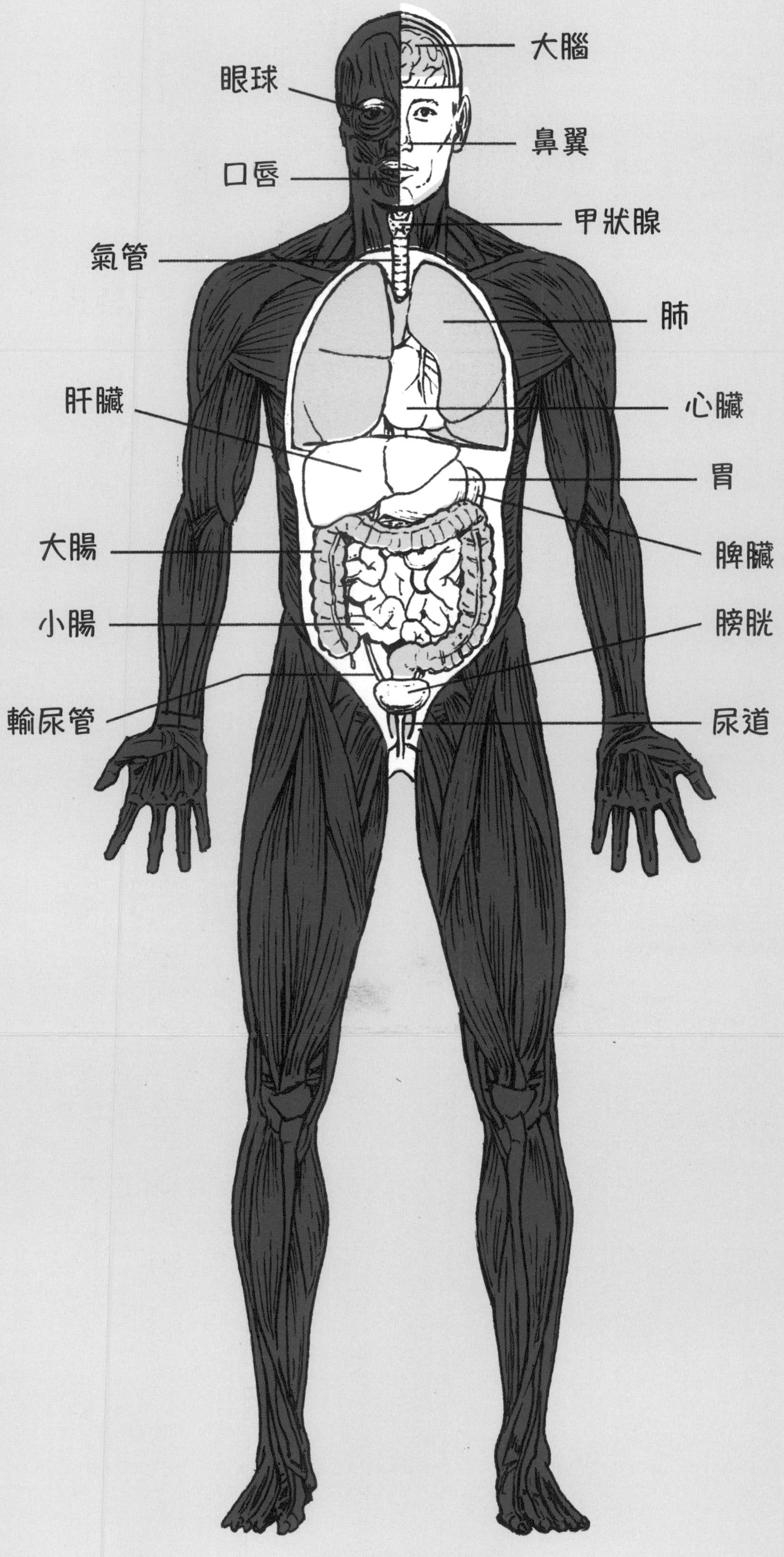

全身圖・骨骼構造

（從正面看我們的身體）

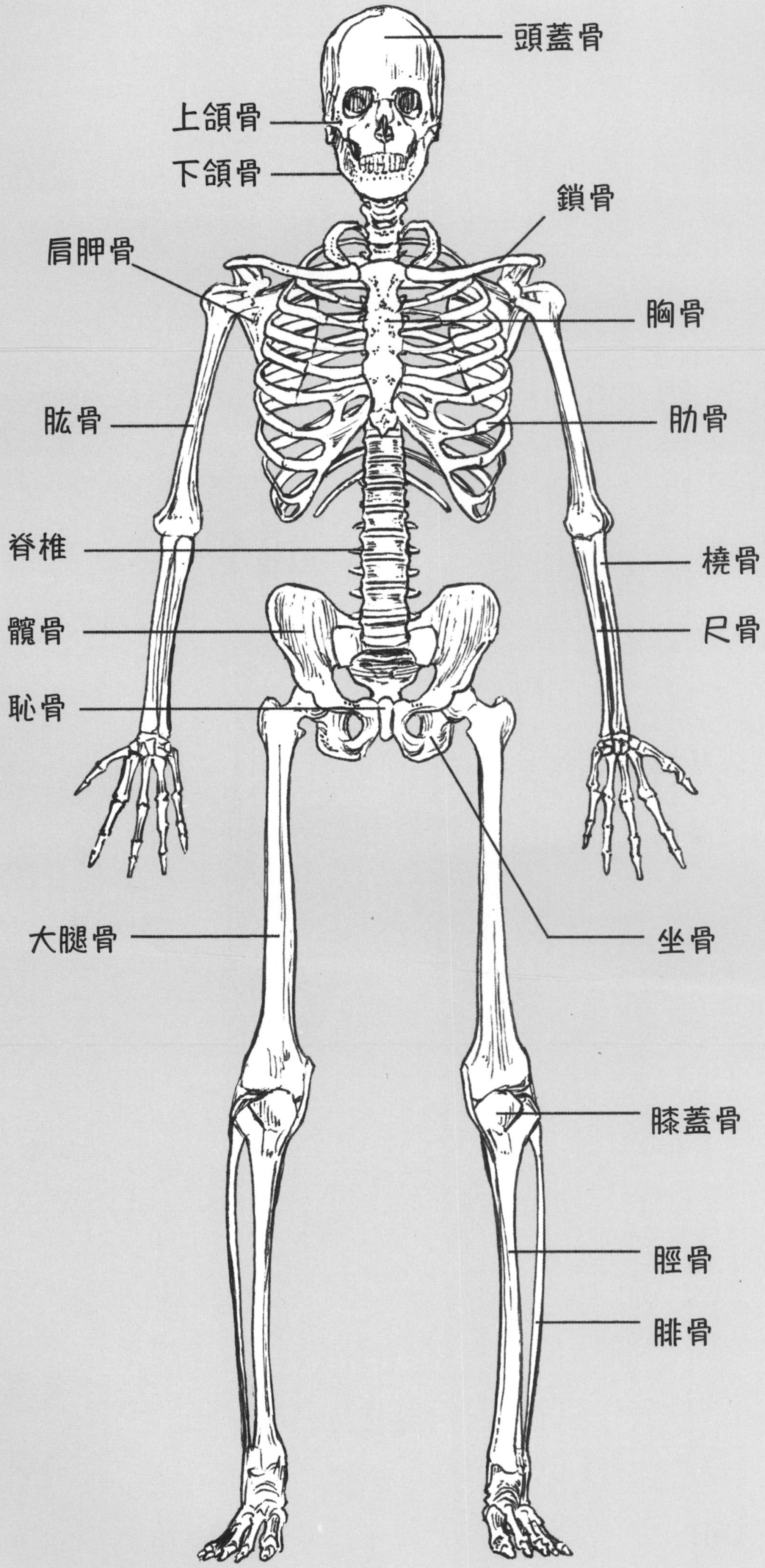

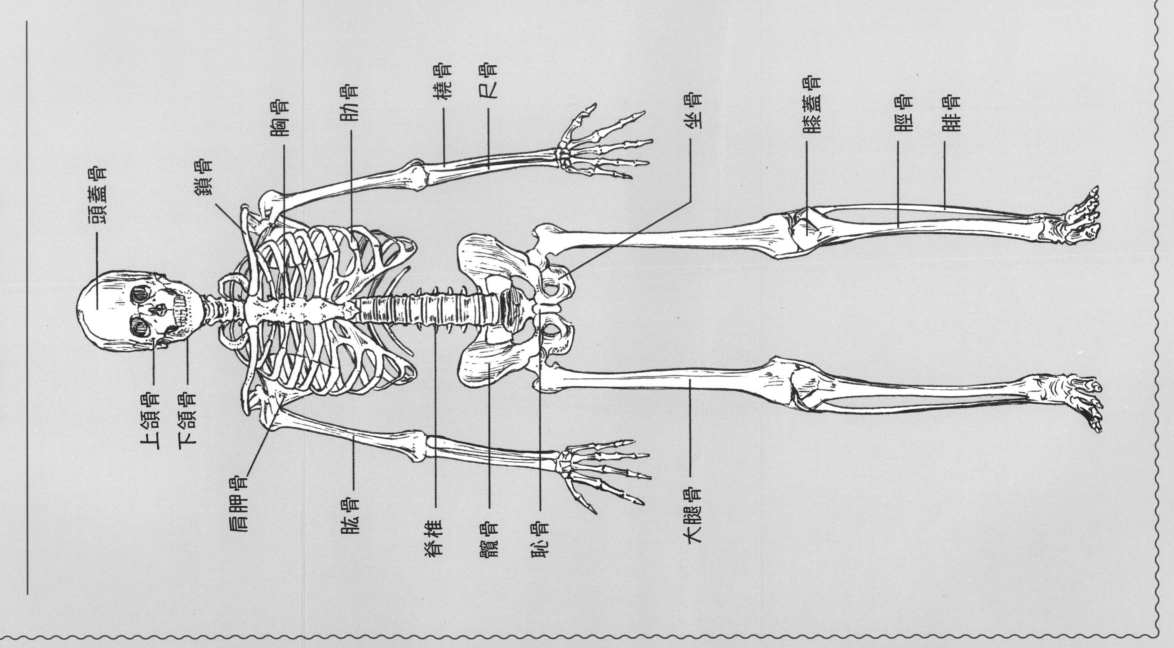

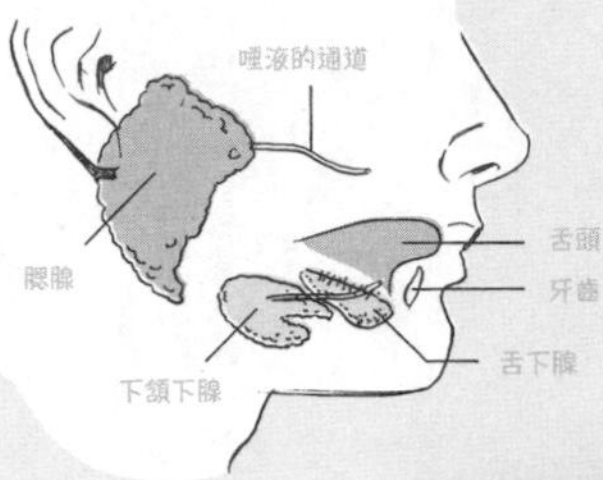

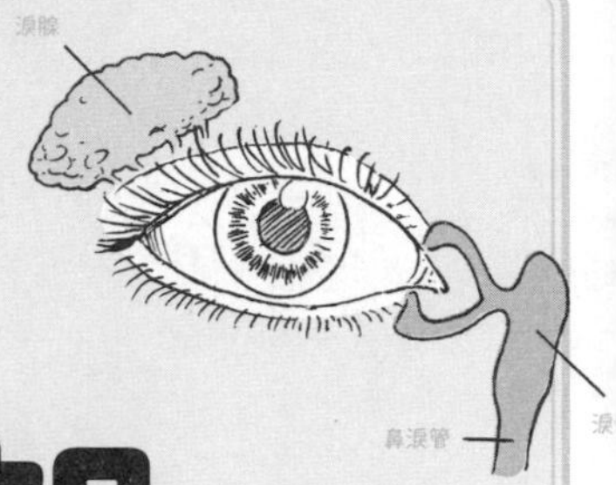

すばらしい人体
あなたの体をめぐる
知的冒険

了不起的人體

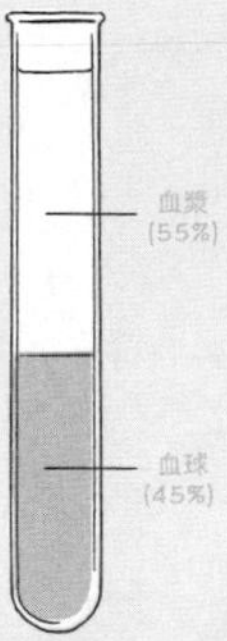

如此精妙，如此有趣，說不定還能救你一命

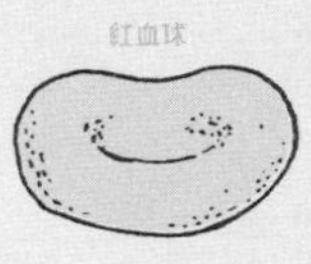

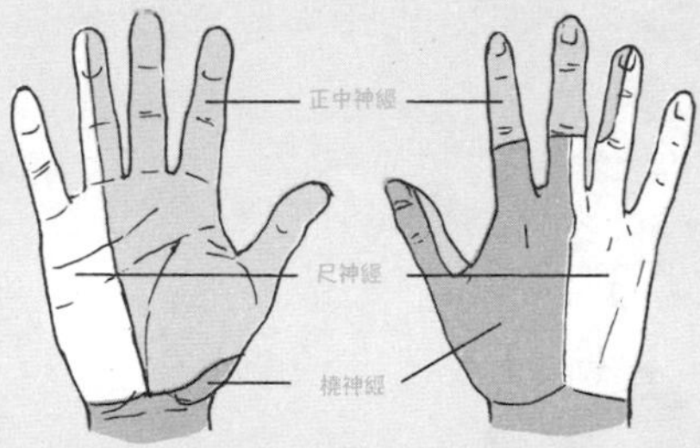

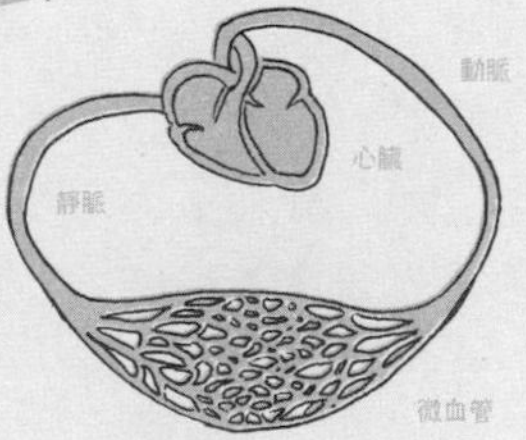

山本健人 著
張佳雯 譯

前言
以宏觀、趣味的角度來看人體與醫學

在醫學院上解剖學實習時，有件事讓我大爲吃驚。那就是「人體竟然這麼重」這件事。

光是一隻大腿就重達十公斤以上，要搬動時眞是出乎意料地辛苦。乍看之下很輕的手臂，其實也重達四到五公斤，比想像中來得沉。

我們對於周遭物品的重量，即使沒有實際拿在手上，也可以某種程度上做出正確推測。但是很不可思議，唯獨對自己身體「部位」的重量無法感測，即便這些部位我們平常都是「帶著走」。

究竟爲什麼會這樣呢？想要知道答案，就要來看看精巧絕倫的人體構造。

人體有多少神奇的功能呢？

身體在無病無痛時，我們都不會察覺到這些細節。

例如我們可以一邊走路一邊看道路標誌，還能避開迎面走過來的行人。即便腦袋上下劇烈搖晃，也不會視線模糊、頭暈腦脹。

或許你在讀這段文字時，也正「對啊對啊」的點頭稱是，但是你的視線卻沒有配合你的頭部上下晃動。

試著把手機的鏡頭放在眼前，邊跑邊拍攝，結果會如何？你拍下的影片一定是大幅晃動，根本無法入目。

我們的視線和相機收錄的影像究竟有何差異？仔細思考就能發現一個事實，那就是我們的身體具備了「讓視線不會搖晃的巧妙機制」。

另外舉一個例子。聊這麼私密的話題有點不好意思，但是我們「能夠放屁」，是因為可以瞬間分辨接近肛門的物體是固體、液體，還是氣體，並具有「只排出氣體」的功能。

「把固體留在體內、只排出氣體」簡直是一門藝術，具有非常精密的機制，這種系統完全不是人工可以仿造的。

我們的肛門可以分辨屁和糞便。這乍看之下似乎理所當然，卻是能夠在社會生活的重要能力。

我以醫師的身分，對於人體構造、機能的精良嘆為觀止。另一方面，也對於會損害如此精巧機制的「疾病」深惡痛絕。了解疾病的成因，並找回因疾病而失去的能力，就是醫學的責任。

到目前爲止，醫學已經解開很多疾病背後的謎團，也衍生出很多治療方法。細菌、病毒是威脅人體的可怕存在，迄今爲止，在人類史上，傳染病已經奪走無數人命，事實上人類發現傳染病是由「微生物」所引起，不過是近一百年的事。在此之前，如果跟當時的人說明傳染病的成因，一定沒有人會相信。肉眼看不到的生物侵入體內，引起各種疾病——要是這麼說，或許還會被認爲是荒誕無稽、愚蠢至極。

十九世紀後半，德國醫師羅伯特・柯霍（Robert Koch），首次證明細菌是致病的原因。

某種疾病是由特定的微生物所引起，這個驚天動地的發現，讓醫學大幅躍進。會這麼說是因爲此舉激發了「只要能殺死微生物，應該就能治療疾病」的靈感。

二十世紀初期，德國醫師保羅・埃爾利希（Paul Ehrlich），實驗過數百種化合物，最後終於發現編號六〇六號的化合物可以殺菌。在一九一〇年正式上市，取商品名爲「砷凡納明」，是治療梅毒的藥物。

此藥物可以狙擊特定的病原體，他將之稱爲「Magic Bullet」（魔法子彈）。

能夠直指病灶的概念，在當時可說是一種「魔法」。

在往後的十年間，英國的學者亞歷山大．弗萊明（Alexander Fleming）偶然發現青黴的分泌物具有殺菌作用。他將此分泌物以青黴的學名Penicilium來命名，就是我們所知道的「盤尼西林」，也是之後被稱爲「抗生素」的改變人類歷史的革命性藥物。

這並非是古早以前的故事，而是發生在二十世紀中期。

找出流行病的原因，並配合施以藥物的一連串流程，在現代是理所當然被接受。但是，這一切成爲「理所當然」，在漫長的人類歷史中是「最近」的事情。

一九八一年的醫學期刊〈刺胳針〉上發表了一種未知的疾病，傳播途徑主要爲性交，會破壞感染者的免疫功能。之後這個疾病被命名爲「後天免疫缺乏症候群」（ＡＩＤＳ），致病原因是「人類免疫缺乏病毒」（ＨＩＶ）。

值得驚訝的是，這個在一九八三年發現的病毒，現在已經有強效的治療藥物。當初被宣告罹患此病是「不治之症」，但現在已經是可以控制ＨＩＶ感染的「慢性疾病」。

C型肝炎病毒也是非常危險的病原體。在一九八九年初次被發現，人類感染後會引起慢性肝炎或肝硬化，之後演變爲肝癌，是迄今爲止奪走很多性命的凶惡病毒。但是最近幾年，劃時代的直接作用型抗病毒藥（Direct Acting Antiviral, DAA）誕生，戰局爲之丕變，C型肝炎變成可以「治癒」的疾病。

吃藥就可以治療C型肝炎——在稍早之前想都沒想過的未來，就在現在。

從羅伯特．柯霍、保羅．埃爾利希、亞歷山大．弗萊明，然後還有發現HIV的呂克．蒙塔尼耶及法蘭索娃斯．巴爾．西諾西、發現C型肝炎病毒的哈維．阿爾特、邁克爾．霍頓和查爾斯．賴斯等人，皆獲得了諾貝爾獎。

任誰都難以預料的科學進展，是這些科學家們苦心戮力研究的成果。去了解這些成就能爲臨床醫療帶來莫大的助益，也是醫學這門學問的迷人之處。

學習醫學，樂趣無窮。了解愈多，學習的樂趣也呈指數增加。

我很想分享從讀醫學系以來體驗到雀躍心情。那種知識之間點與點連接成線的當下，不禁想要拍案叫絕的時刻，我非常想傳達給大家。這也是我寫下這本書的理由。

首先，在本書第1章「人體構造多精妙」中，會舉出具體實例。從大腦、心臟到肛門等各種器官，簡明易懂的說明「因疾病失去功能，你會感到多『不便』和多『不舒服』」。

在第2章裡，人究竟爲什麼會變成「生病」的狀態，生病與健康的界線到底在哪裡?並以癌症及心血管疾病、傳染病爲例，說明人究竟會如何失去生命。

在第3章中則是回顧成爲醫學史轉捩點的重大發現，以及奠定現今醫學基礎的希波克拉底、羅伯特·柯霍等偉人的功績。

在第4章則是從大家都熟知的事件、事故中，如食物中毒、經濟艙症候群、寄生蟲感染等實例，介紹身邊會威脅我們健康的危險及相關知識。

在第5章是介紹體溫計、血壓計、內視鏡等在醫療現場經常使用的工具及器械，也談談爲醫學帶來進步的相關科技。

本書爲了確保資訊的可信度，附註了八十個以上的出處。而專業領域之外的知識，則是敦請各專科醫師審閱，用心維持其正確性。本文中如見❶等數字可以對應到各篇章的參考文獻。想要更了解詳情的讀者，也可以直接閱讀文獻。

本書的目標，是從過去到未來，從頭頂到指尖，以宏觀、趣味的角度來看人體與醫學。希望能給各位像小時候買了新圖鑑一般，興奮翻閱的雀躍體驗。

那麼就讓我們馬上開始吧！

巡遊人體的知性大冒險！

第1章　人體構造多精妙

CONYENTS 目錄

第2章 人爲什麼會生病？

CONYENTS 目錄

CONYENTS 目錄

第4章 你所不知道的健康常識

第5章

現代醫療的教養

CONYENTS 目錄

第1章
人體構造多精妙

大自然不會創造無謂或多餘的東西。

——亞里斯多德（哲學家）

我們的身體，很重

你站得起來嗎？

你現在是坐在椅子上看書嗎？

如果是的話，那就請你臉朝正面，頭部不要前後移動，然後試著站起來。你應該會嚇到吧？怎麼完全站不起來？不管花多大力氣，腰部都不動如山。

那麼接下來你就什麼都不要多想，直接站起來。一開始你的頭應該會自然而然地向前傾，然後腰部才會挺起。

爲了從椅子上站起來，必須先做出「前屈」的動作。

爲什麼呢？理由其實很簡單，因爲要抬起沉重的臀部，必須和頭部的重量取得平衡。頭部向前傾的時候，重心會移到前方，就可以抬起沉重的臀部。確切來說，要抬起「沉重的腰部」，必須用到頭部。

那麼再來做一個實驗。現在站起來，雙腳與肩同寬，頭部不要左右晃動，然後試著抬起右腳。應該不論多用力，右腳都不會離開地面。

要怎麼做才能舉起右腳？試試看就馬上知道了。在舉起右腳之前，上半身必須向左側傾斜。和前面的例子一樣，想要抬起沉重的右腳，首先必須將重心移到相反的一側。

對於組成身體的「零件」有多重，我們幾乎沒有自覺。雖然每天「帶著」這麼重的東西，很意外地完全沒有注意到。

頭部、手腳、肩膀、背部、臀部因爲有大塊的肌肉支撐，因此很難感受到重量。這就像讓孩子跨坐在肩膀上，比抱著來得輕鬆；把背包背在肩上比用手拿來得輕，都是同樣道理。

從出生到現在，必要的肌肉一直受到鍛鍊，身體會爲了配合要搬運「零件」而變得發達。

另一方面，我第一次到醫療現場時，最吃驚的是「人體竟然這麼種」這件事。因爲在醫療院所，把無法行走的人從病床移動到輪椅上，或是把失去意識的人從病床挪到另一張病床是家常便飯。

太空人與肌肉

例如動手術的時候，搬動全身麻醉的病患從仰躺變爲俯趴，或是手術後從手術台移動到病房專用病床上，都是每天的例行公事。

像這種搬動身體的工作，實在是重勞動，絕對無法單獨完成，必須四、五個同仁一起合力進行。

自己的身體可以靠一己之力移動，但是一個人是無法搬動另一個人的。尤其是要移動全身麻醉中的身體，要特別注意手腳。手腳不但很沉，而且和軀幹只有小面積的連接。如果四肢沒有人牢牢地撐著，重量會順勢下垂，瞬間就會對關節造成損傷。所以必須彼此出聲確認，互相配合愼重地移動。

身體的重量造成問題，不僅止於手術的時候。

長期住院臥床的人，睽違許久想要起身卻完全站不起來，也是常有的事。尤其非常容易發生在原本肌力就衰弱的高齡者身上。

因爲胸部或腹部疾病而開刀，或是罹患心肌梗塞、肺炎等，即使是完全跟腰腿毫無關係的疾病，也會自然失去行走能力。如果身體疏於每天「搬運」作業，轉瞬間就會肌肉衰弱。

程度或多或少，但是和從無重力空間回到地球的太空人，沒有拐杖就走不了路的狀況類似。太空人油井龜美談到回地球後的生活，印象最深的就是「我想脫西裝的時候，脖子和背部忘記支撐頭部的重量，結果前傾過頭，差點撞到地板。」❶

就像在太空站裡也必須持續鍛鍊肌肉的太空人一樣，住院期間的復健也很重要。盡可能有意識地去走動、活動手腳。在醫院裡有很多人每天都會在病房走廊緩緩散步，這是維持生活能力必須的運動。

意料之外的眼球運動

你的視野其實很小

現在你的眼睛，除了文字之外，還有周圍廣闊的範圍都映入眼簾。即使眼睛不動，也能看到上下左右的景色。

那麼請你將視線固定在目前正在看的文字，在不動眼睛的狀況下試著去閱讀其他行，恐怕會變得模糊無法辨識吧！

你應該會發現一旦視線固定，「可閱讀範圍」就會變得非常狹窄。我們的視野並不像電視畫面呈現的景色一樣，連邊邊角角都非常清晰。

如果了解眼睛的構造，就會明白箇中道理。以相機比喻的話，就相當於鏡頭的是水晶體（中心部位是瞳孔）、光圈是虹膜、底面是視網膜、鏡頭蓋是眼瞼。順道一提，上眼瞼和下眼瞼裡面，覆蓋白眼球的是結膜，覆蓋黑眼珠的是角膜。

我們能辨識出景色，是因爲呈現在視網膜上的影像傳到大腦，並不是視網膜非

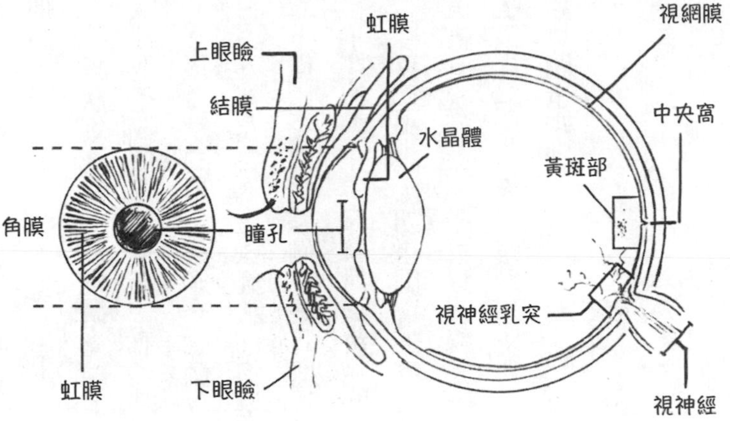

眼睛構造

常清楚的看見整個景象。視網膜只有中心部位一小點看得見。

而這一個小點稱之爲黃斑部，而黃斑部的中央稱之爲中央窩，大小僅只有○．三毫米而已。只要稍微錯開，視力就會大幅下降。我們的視力清晰與否，就靠這個狹小部位了。

平常可能很難察覺到，是因爲我們的視線會無意識地快速移動，且常把補捉的對象物置於中心的緣故。

視網膜中有視覺細胞緊密排列，單眼的數量就達一億個以上，這些細胞會隨著光線的刺激改變信號，透過神經傳達到大腦。

視覺細胞又分爲桿狀細胞和錐狀細胞二種，各自以細胞的形狀來命名。所謂的「桿」是「細長」「條狀」的意思；而「錐」則是如圓錐或四角錐，是前端尖細的形狀。

桿狀細胞能捕捉細微光線，主要功能是陰暗處的視力，並不會辨識顏色；而錐狀細胞在陰暗處無用武之地，但是可以辨識顏色和形狀，主要是在光亮處的視力。

很特別的是，超過一億個以上的視覺細胞，有九成以上爲桿狀細胞，錐狀細胞只占五％左右。這些錐狀細胞只存在於中央窩，在明亮處有視力。但即使是在明亮處，從中央窩往鼻側或是耳側移動，視力也會隨之急遽下降。這就是爲什麼如果文字不在視野正中央就無法辨識的原因。

反過來說，如果因爲疾病或外傷而導致中央窩受傷，視力就會大幅下降。從小就被耳提面命「不可以直視太陽」，是因爲會傷及中央窩。中央窩一旦受損，配戴眼鏡也無法改善，因爲即使利用鏡片改變曲折率，讓影像呈像於視網膜表面，還是難以明確辨別。

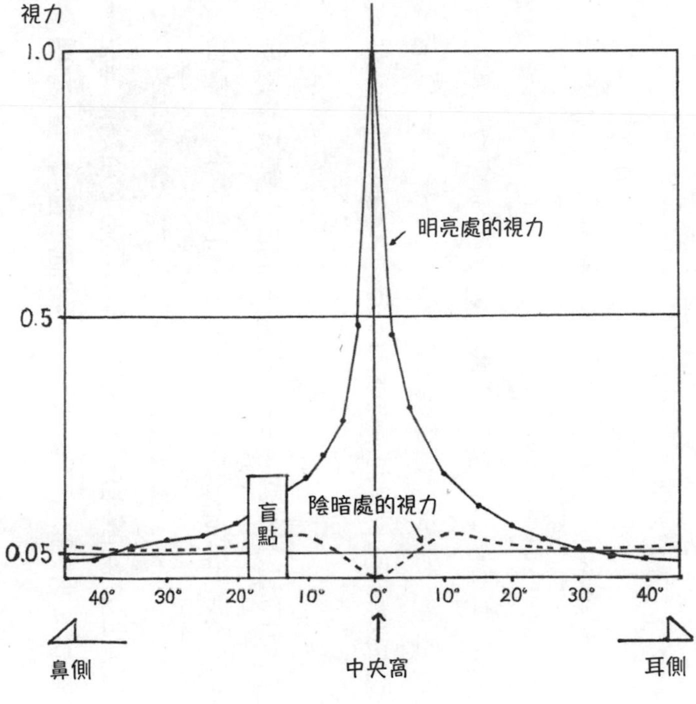

視網膜各部位的視力

盲點實驗

視覺細胞雖然遍及整個視網膜，只有一個地方完全沒有細胞分布，那就是眼睛的神經——視神經貫穿視網膜之處，稱之爲視神經乳突的部位。這裡稱之爲「盲點」，距離中心窩靠鼻翼約十五度之處。

自己就可以確認盲點的位置。請閉上左眼，將視線固定在「＋」，然後將「●」往視野的邊界移動，慢慢地靠近書本。到某一個位置時「●」應該就會不見，那就是進入視覺盲點的瞬間。

很不可思議，我們平常都沒有留意自己有盲點。即使以單眼來看世界，也不會出現視野少一塊的狀態，是因爲腦部會根據周遭資訊加以推測，並將視野補足。

回想一下剛剛的實驗。看不到「●」的時候你看到什麼？因爲「周遭是白色的」，所以腦部就會以「白色」來補足。

盲點實驗

光適應與暗適應

從明亮處突然到陰暗處，剛開始會眼前一片黑，但慢慢的就可以看得到，任何人一定都有過這種經驗。這種現象就稱爲「暗適應」，主要是由於運作的細胞由錐狀細胞緩緩切換到桿狀細胞所致。

也會有相反的經驗。從陰暗處突然到明亮處，起初會覺得太過刺眼而看不清，然後才慢慢回到平常的可見視力，這稱之爲「光適應」現象，是與暗適應相反的作用。

但光適應與暗適應從開始到結束的所需時間大相逕庭。光適應大約五分鐘，暗適應需要三十分鐘左右。

事實上自從學習到這個非常有趣的現象之後，我就活用於日常生活中。大家都曾有過半夜尿急，要從黑黑的寢室走到廁所的經驗。這時候打開走廊的電燈，雙眼被光照一下，瞬間就完成了光適應。但是再次回到黑黑的寢室，就變得伸手不見五指。

所以開燈的時候請張開一隻眼睛，讓一隻眼睛閉著繼續維持暗適應，一隻眼睛做光適應。當回到黑黑的房間時再同時睜開雙眼，因爲單隻眼睛有暗適應，所以還是能夠在房間裡順暢移動。

當然，瞇著一隻眼走路時，距離感比較難抓，要特別注意，不過卻是很便利的方法，不會因爲看不清腳邊，腳趾頭踢到床角而痛到要命。

當然也有人會持相反意見，說只要再把房間的燈打開就好。但是了解器官的特性，然後加以最大化的利用，而親自感受到效果，實在是有說不出的快感。

順道一提，在卡通或電影中出場的海盜，一定都會單眼帶著眼罩。理由眾說紛紜，但是有一種說法就是要維持暗適應。

從明亮的甲板進入陰暗的船艙之際，只要打開眼罩就可以看清楚。在明亮處工作，即使船艙裡突然發生打鬥，只要用有暗適應的那隻眼睛看就沒問題了。

如果此一傳言爲眞，那就是活用眼睛特性的便利技巧了。

控制眼球運動的能力

你可以一邊搖晃書一邊閱讀嗎？

在此要再請大家做一個實驗。請兩手拿著本書左右搖晃，然後在這種狀態下試著閱讀文字。理所當然的，文字左右晃動、根本沒辦法讀。

那反過來讓腦袋左右微微晃動會怎麼樣？跟先前同樣幅度，而且同樣速度左右搖晃，然後閱讀本書。

相較於搖晃書本，應該更容易閱讀吧？即使頭部左右搖晃，視野也出乎意料之外的不會晃動，這是因爲動物具有「前庭動眼反射」的功能。

在耳朵裡面有前庭、半規管等器官，可以感知頭部的動作，立即讓眼球往反方向（抵銷的方向）轉動，防止視線偏移。

試著照鏡子看著自己的臉，然後頭部左右晃動。即使你沒有意識要眼球轉動，它也會自動朝著臉的反方向轉動。

就連行走或是跑步的當下，我們的視野也很穩定。不管頭部如何擺動，都能夠清楚的辨識周圍的景色，邊跑邊看道路標誌都沒問題，這是因爲眼球會自動配合臉部的動作而移動。

這種功能對所有動物在生存上，都有重大的意義。設想獅子在追趕逃跑的斑馬時，能在高速下將斑馬固定於視野的正中央，就能充分了解到其重要性。

這種反射動作隨時都在運作，無關乎主觀意識，所以我們很難察覺有多珍貴。但是我想請大家想像一下，一邊跑步一邊拿照相機拍攝周圍的景色，會拍出什麼樣的照片？應該會是上下左右劇烈晃動，拍不出像樣的照片。如果我們沒有前庭動眼反射，那就會活在這種景色中。

順道一提，近年來有些手持攝影機，會搭載稱之爲「光學防手震」的功能。鏡頭會配合攝影機朝反方向移動，降低影像晃動，這種機制就和前庭動眼反射一樣。相較於以往，手持攝影機的日新月異眞的讓人驚嘆，但是更値得「驚嘆」的是我們的眼球。

耳朵主司平衡感

從眼科醫師朋友那裡聽到，很多人會因爲「暈眩」而到眼科就診。

「暈眩」在醫學上的病名叫「眩暈症」，患者會有天旋地轉、噁心、嘔吐、站不穩等症狀，其中有可能是「眼睛的疾病」引起，但事實上暈眩的成因除了眼睛外還有很多。以臨床經驗來說，很多是因爲「耳朵的疾病」而引起。

耳朵是聆聽聲音的器官，大家都知道是主司聽覺，但很多人都不知道，耳朵也是主司平衡感的器官。耳朵深處的「內耳」區域，有主司平衡感的前庭和半規管。

另外，內耳裡有稱之爲「耳蝸」的器官，是負責聽覺。「耳蝸」顧名思義，因爲形狀與蝸牛神似而得名。由耳朵入口傳入的聲音使得鼓膜和聽小骨（在中耳裡的三塊小骨頭）震動，然後經由耳蝸轉換成電子信號，通過神經傳達到腦部。

如果前庭或半規管因爲某些原因不適，那就會波及平衡感，這種狀態就是我們所謂的「暈眩」。梅尼爾氏症或是前庭神經炎、良性陣發性姿勢性眩暈等疾病，都是會引起「暈眩」的代表性「耳疾」。

順道一提，有種名爲「突發性失聰」的耳疾。誠如其名，是耳朵因不明原因，突然就聽不見的疾病。事實上，有二～六成的患者，同時會有暈眩的症狀❷。

「失聰」和「暈眩」乍看是兩種不同的症狀，但是如果你知道聽覺和平衡感是由同樣的器官負責，就不覺得奇怪了。

內耳發生的問題，會引起聽覺和平衡感兩者同時異常。不過暈眩除了耳朵之外，還有很多原因，例如腦梗塞、腦出血等腦部疾病，也會引起暈眩。還有因貧血、心律不整引起「步履不穩」「站起來眼前一片黑」等症狀時，也有人會以「暈眩」來形容。

不同的疾病、不同的現象，最後都用同樣的語詞來表現。所有的自覺症狀，都只有本人能體會。醫師不管再怎麼磨練醫術，唯有自覺症狀無法實際體驗。

將這種極端「個人化體驗」語言化，並發現體內異常之處，就是醫學努力的目標。

流淚的理由

爲什麼眼淚跟鼻水會齊流？

在電影院看到動人心弦的情節，就會聽到吸鼻子的聲音此起彼落。流淚的時候鼻水也會一起流出來，這種經驗任何人都會有。但鼻子又沒有不舒服，爲什麼會跟著眼淚一起流鼻水？

事實上眼睛和鼻子是連在一起的，鼻水其實是流到鼻子裡去的眼淚。所以鼻水不是鼻黏膜分泌的液體，和鼻子發炎時流出的鼻涕性質不同，證據就是哭的時候鼻水是很清澈，應該不太會黏膩。

連接鼻子和眼睛的管道稱爲「鼻淚管」。位於眼瞼上方的淚腺所製造的眼淚，在濕潤眼睛表面之後，會從眼頭的出口處流出眼睛外，然後流經袋狀物的淚囊與鼻淚管進入鼻腔。

流淚不僅限於開心、悲傷，或是眼裡進了沙子。其實平常淚液就不斷徐徐分

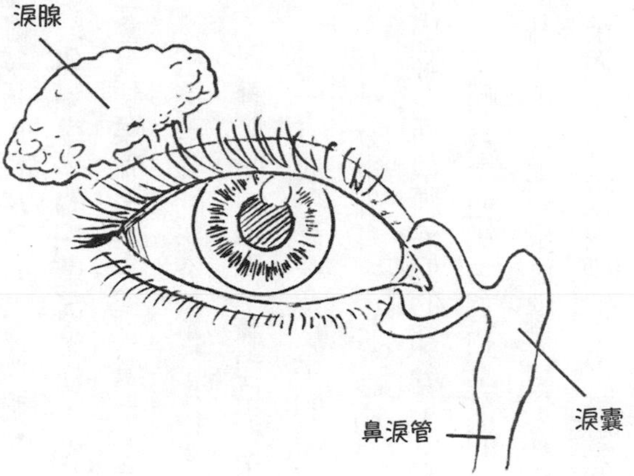

眼淚的流向

泌，滋潤眼球表面。我們之所以沒有注意到，是因爲淚液經常都是排到鼻子裡去，最後會流到喉嚨裡，然後在無意識之下喝進肚子。

另一方面，哭泣時眼淚會從眼睛泛出，是因爲一定時間內的排出量是固定的，而分泌的量遠大於此。

相反的，如果是因爲受傷等理由造成鼻淚管塞住，就會發生「不悲傷也流淚」的現象，稱之爲「鼻淚管阻塞」。這就是平常淚水不斷分泌的證據。

耳朵和鼻子也相通

不只是眼睛和鼻子，鼻子和嘴巴也相通，這一點大家應該都知道吧？鼻子的深處和嘴巴的深處，都是「喉嚨」。

如果鼻子的深處流鼻血，就會流到喉嚨裡、從嘴巴跑出來；而在無意間，鼻涕也會流到喉嚨深處、進入氣管，造成慢性咳嗽，稱之為「鼻涕倒流」。

根據歐美的研究報告，持續八週以上的慢性咳嗽，有二～三成是鼻涕倒流所致❸。在身體的構造上，鼻涕是有可能引起頑固的咳嗽。

另一方面，耳朵及鼻子的深處是相通的，連接處是一條細細的耳咽管。

耳朵分為外耳、中耳、內耳三個部分，前面所提到的前庭、半規管、耳蝸都是在內耳，而鼓膜外側的部分是外耳，中間的部分稱為中耳。

耳咽管是連接中耳和鼻子的管路，具有調節耳朵氣壓的功用。例如搭飛機急速上升、電梯上升到高樓層時，耳朵都會有塞住一般的不適感，這就是外界的氣壓和耳朵裡面（鼓膜內側稱之為鼓室的空間）氣壓產生差異所致。

鼓室的氣壓較低，就會讓鼓膜往內側凹；如果外界的氣壓較低，則鼓膜會往外側鼓。如此會妨礙鼓膜的震動，引起耳朵的不適感。

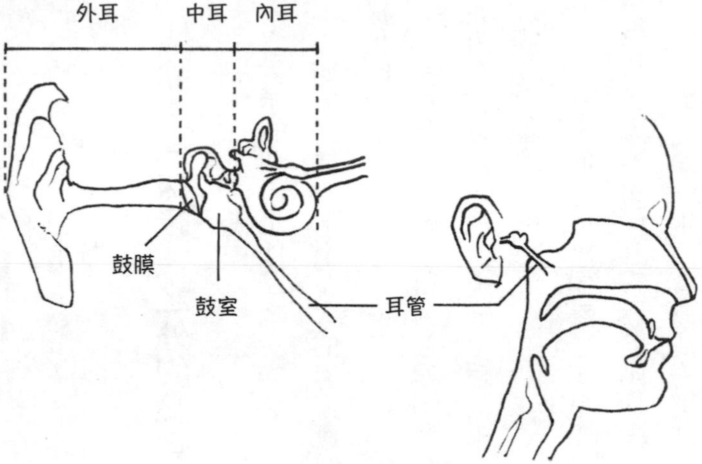

鼻子與耳朵的連接

打嗝或是呑口水都可以消除這種不適感，是因爲此時平常關閉的耳咽管會打開，空氣進入鼓室後，與外部氣壓相等，鼓膜就回到原本的位置。

但是如果鼻子或喉嚨深處有細菌或病毒感染，就會通過耳咽管進入中耳，波及耳朵，造成中耳炎。耳咽管成了病原體的通道。

舌頭的多樣功能

除了「味覺」之外的職責

舌頭的功用是什麼？

如果這樣問，很多人的答案應該是「感受味道」，但其實舌頭的功能是更加多樣化的。

舌頭在「咀嚼」和「吞嚥」這些重要的動作中擔任要角。所謂的咀嚼，是用牙齒將食物咬碎，混合唾液。爲了咀嚼食物，當然必須「讓食物在牙齒之間移動」，這就是舌頭的功用。

另一方面，所謂的吞嚥，是將食物吞下的動作。現在請試著吞口水，應該就可以發現舌頭有著極其複雜的動作。

吞嚥之際，舌頭會變成湯匙狀，中間凹陷的部分可以聚集食物，然後再由前往後關閉口中的空間，一邊把食物往喉嚨送。因爲舌頭由多條肌肉所組成，可以任意改變形狀，做出多樣化的動作。

舌頭還有另一個重要的功能，就是「發音」。

把牙刷放進嘴裡抵住上顎，然後試著照順序念「ㄚ、ㄧ、ㄨ、ㄩ、ㄦ」，就會發現舌頭碰觸牙刷的位置完全不一樣。舌頭爲了正確發出每個音，確實的做出各種動作。

而「ㄓ、ㄘ、ㄕ、ㄖ」的發音向來都說門牙很重要，實際上如果舌頭不接近上顎，也無法正確發音。如果罹患舌癌之類的疾病，切除部分舌頭時，不難想像要正常發音會有多困難了。

味蕾會隨著年齡減少

味覺是指感受味道的感覺，這種功能更正確的寫法，應該是「檢測溶於水中化學物質的能力」。而檢測空氣中化學物質的是鼻子，也稱之爲「嗅覺」。

味覺可以辨識鹹味、鮮味、甜味、酸味、苦味五種（辣味會被視爲痛覺，不包含在味覺中）。

鹹味是能辨識生存必須的電解質（礦物質），鮮味和甜味則是辨識有營養的食物。而酸味和苦味，則是辨識食物是否腐敗或有毒，避免攝取進入體內，擔任「邊境防疫管制」的功能。能夠識別這些，才能保命生存。

但是我們卻喜歡納豆、藍起司之類有獨特臭味的食物；或是享受啤酒、咖啡這種帶有苦味的飲品。有酸味和苦味的食物，未必對人類有害。對於感受到吃進每一口食物的幸福，就發現生存意義的層面來說，味覺不光只是守身保命而已。

主司味覺的是舌頭表面的味蕾。誠如其名，是呈現「花蕾」的形狀，是接受化學物質的感測器。大小約爲〇．〇五～〇．〇七毫米，整個舌頭約有五千～一萬個。除了舌頭之外，口腔內側的黏膜、喉嚨深處也都有味蕾，會隨著年齡逐漸減少。

大家都知道如果捏住鼻子，就很難分辨出味道，因爲「味道」是腦部整合味覺與嗅覺的資訊後所形成的結果；而痛覺、溫度感覺、觸壓感覺（接觸、震動、擠壓等機械性刺激的感覺）的資訊也要整合在一起，才是完整的味道。想要享受滋味，必須動用到所有感覺。

例如星星糖凹凹凸凸的表層接觸到舌頭，大概就可以正確想像出形狀；另一方面，如果碰觸的是背部、臀部等部位，就很難分辨出是什麼形狀。

接受外部刺激的接收器密度，在身體各個部位有極大的差異，接受器密度愈高，精度就愈好。

將兩枝鉛筆的筆尖碰觸身體表面，當距離不斷縮小到某個程度，就會「感覺不到兩點接觸」。而判斷兩點接觸最小的距離稱爲「兩點覺閾」。

以背部舉例，竟然必須要兩者距離四公分以上，才能判別出是兩點。也就是說如果只有間隔二公分或三公分，就會以爲是「一點接觸」。你可以實際上試試看，就會驚訝地發現原來我們這麼「鈍感」。

而舌尖或指尖可辨識出的最短距離，僅有三、四毫米。想想可以用指尖碰觸讀取點字，就能夠充分了解指尖二點判斷的強處了。性行爲時經常會使用舌頭或手指，大概是因爲感覺比較敏銳吧！

腮腺炎和唾液腺

一天的唾液分泌量

大家應該都聽過「腮腺炎」這個病名。臉頰會像豬頭的雙頰一樣鼓起來，所以俗稱爲「豬頭皮」。

爲什麼罹患「腮腺炎」會臉頰腫脹呢？

它的正式名稱爲「流行性腮腺炎」。正如其名是因爲「腮腺」發炎所以起的感染症狀。

腮腺是唾液腺之一。唾液腺是分泌唾液器官的總稱，除了腮腺之外，還包括下頷下腺、舌下腺。

唾液腺每天會製造一～二公升的唾液，通過導管（唾液的通道）分泌到口中。其中七十％來自下頷下腺，二十五％來自腮腺。

腮腺位於耳朵前方，臉部的正側邊，所以腮腺一旦腫脹，就會變成「豬頭」的

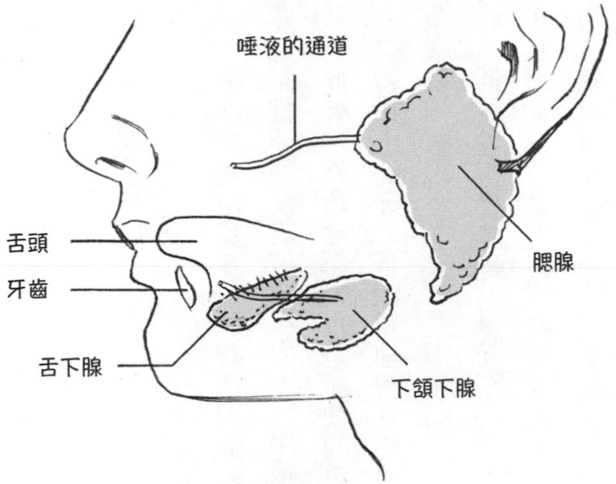

3種唾液腺

模樣。

流行性腮腺炎是由腮腺炎病毒所引起，症狀和感冒很類似，但是恐怖的卻是不會僅止於此。病毒進入血液後會跑遍全身，讓各個器官產生各種發炎症狀。

三～十%會引起腦膜炎，男性有二十五%會併發睪丸炎、女性有五%會引起卵巢炎、十五～三十%會引起乳腺炎。最特別的是，有四%會造成聽力受損，且每四百人中就有一人會變成無法痊癒的永久性失聰❹。

被稱之為「腮腺炎失聰」的疾病，曾出現於名為《半邊藍天》的晨間劇中。左耳失去聽力的主角，只能用右耳聆聽雨聲，所以劇名是表達「左耳永遠是晴天」。

重要的是要接種腮腺炎疫苗，防患於未然。目前台灣出生滿十二～十五個月，以及小學一年級時，都會接種MMR疫苗，預防痲疹、腮腺炎及德國痲疹。

唾液的功用

唾液的功用繁多，具有清潔附著在牙齒上的食物殘渣或是齒垢的自潔作用，以及抑制細菌繁殖的抗菌作用，以保護黏膜等。

此外，修復琺瑯質也是唾液的重要功用之一。「甜食吃太多會蛀牙」是常識，而之所以會蛀牙，是因爲細菌分解蔗糖產生酸，會融化牙齒表面的琺瑯質，這種現象稱爲「脫鈣」。

即使發生暫時性的脫鈣，也可透過唾液「再鈣化」的功能修復。但是如果是頻繁的脫鈣，那再鈣化的速度感不上，牙齒就會被酸性物質溶到深處，造成蛀牙。也就是說引起蛀牙的風險，與其說是「吃甜食的量」，還不如說是「吃甜食的頻率」。

而人工甘味劑木醣醇、非糖類甘味劑甜菊，由於細菌無法分解，所以不會造成脫鈣，才能標榜「友善牙齒」。

更進一步來說，唾液還具有消化液的功用。唾液中有稱之爲澱粉酶的酵素，可以分解食物中的澱粉。胰臟分泌的胰液中也含有澱粉酶，在唾液中未完全消化的澱粉，之後會與胰液混合分解。

順道一提，澱粉是葡萄糖像鎖鏈般串連在一起所形成。澱粉酶能切斷鎖鏈，將葡萄糖分解爲二個、三個連接在一起的二醣類、三醣類，最後在小腸會將之分解爲單醣，作爲養分吸收進體內。

唾液是消化流程中的第一關。

頭部大量出血也不見得是重傷

頭部很容易出血

在推理劇中最常見的「殺人場景」，莫過於「重擊頭部」或「刀刺腹部」。重擊頭部經常出現的是兇手拿玻璃菸灰缸或花瓶痛毆，對方倒下血流滿地。

頭部大量出血的畫面，不限於殺人案，從樓梯或高處跌落傷到頭部的場景，也很常見。

爲什麼呢？當然是因爲很多人認爲這是「致命傷」。

但是實際上頭部流血未必會致命，因爲頭皮本來就是很容易出血的部位。頭皮有很多細細的血管，再加上頭皮下方就是硬骨（頭蓋骨），即便只有碰撞皮膚也很容易受傷。頭部的皮膚不小心整個掀開的狀況也不少見，出血量驚人。

很多人撞到頭破血流，就會慌慌張張跑到醫院。當臉部和衣服都沾染了大量的血漬，不論是誰看到都會膽顫心驚。而且頭部透過鏡子大部分都看不到，因此這種部位出血就更加讓人覺得可怕。

不知道大家小時候有沒有撞到頭、腫個大包的經驗？我自己在孩提時期就有疑問：「爲什麼頭部以外的地方都不會有腫包？」而且「腫包」的說法只有用在頭部，好奇特。但是進入醫學院學習後，才解開了這個謎團。

「腫包」正確的名稱是「皮下血腫」，也就是碰撞後，皮膚內的微血管破裂瘀血的狀態。頭部很容易有腫包，是因爲頭皮很容易出血，再加上下方就是頭蓋骨，瘀血無法往內流動，只能往外擴張，所以皮膚就膨脹起來了。

不管如何，如果只是皮肉傷，大部分都不會致命。流血時用毛巾等加壓止血，等狀況稍微穩定後再到醫院縫合即可。

眞正嚴重的是「頭蓋骨內」出血。

我都會跟頭部碰撞流血的人這麼說：「如果是表皮的傷口，縫合就沒問題了，要擔心的是腦袋裡面有沒有出血。即使現在檢查沒有出血，也有可能之後一點一滴的滲血。要小心觀察喔！」

頭部受到重擊、造成顱內出血而致命的案例也不少。沒多久就失去意識，或是出現言行舉止變得怪異、手腳麻痺等症狀，都代表有顱內出血的現象。

很多醫院會將這些注意事項羅列出來，印成「頭部外傷注意事項」衛教單給病患。因爲初次就診時，並無法斷言「沒問題」。

出現黑眼圈的時候

也有在碰撞後一週～一個月以上，才發現顱內出血，這稱之爲「慢性硬腦膜下腔出血」，好發於高齡者。當長輩出現無緣無故忘東忘西、步履搖晃蹣跚等症狀，家人還會誤以爲是失智而延誤治療。

在這種案例中，別說「頭部表面沒有出血」，連「頭被撞到都沒印象」。也就是在無意中碰撞到，在看不見的地方不知不覺的出血。頭部流血不一定是重傷，但沒有明顯的出血也不見得是輕傷。

說個題外話，額頭碰撞長了腫包（皮下血腫），隔天眼睛四周變紫出現黑眼圈，很多人會因此緊張地前來就診，以爲「是不是眼睛也被撞傷」。

這是皮膚下面滯留的血液移動所引起的現象，其實很常見。額頭的血液順著重力往下流，大多會被自體吸收，然後顏色自然變淡。

但是如果是皮膚較薄的老年人，即使是單純的「黑眼圈」也要特別注意。這代表皮膚表面的血液循環差，有可能壞死。

因爲碰撞身體會產生各種變化，成因都有理論根據可以說明。了解人體構造，對於「意料之外的現象」就會見怪不怪了。

心臟跳動的機制

人類對心臟的種種疑問

你的心臟一分鐘跳幾次？

雖然隨著個體及年齡會有差異，心臟基本上一分鐘跳動六十～七十次。由此可計算出一天大概有八萬次，一年約三千萬次。如果活到八十歲，那一生心跳次數約二十億次以上，次數相當驚人。

自古以來人類對於心臟能毫不停歇的跳動，感到極其不可思議。以前認爲是從空氣中攝取「生命精氣」化爲能量，驅動心臟及動脈跳動。要了解心臟具有宛如幫浦的功能，讓血液循環全身的事實，是在十七世紀以後才發現的。一直到二十世紀前半期，心跳的謎團才慢慢被解開。

心跳，是因爲電子訊號在心臟壁發送指令而產生，這種機制稱爲「刺激傳導系統」。

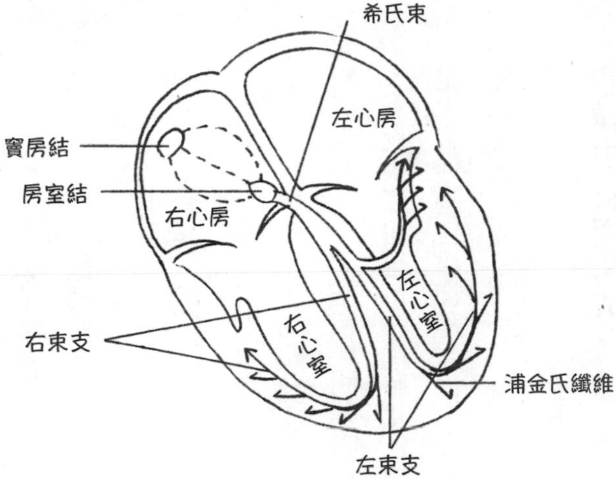

刺激傳導系統

心臟不是一個大型的袋狀物，而是分爲右心房、右心室、左心房、左心室四個部分，各自都有規律，整齊有秩序的重複「收縮」和「舒張」。如果各自爲政，就無法讓血液順暢循環。

而刺激傳導系統就像公司內部的指揮命令系統，從董事長到一般職員，有一套由上到下的指令傳達機制。

製造規律的「竇房結」就相當於「董事長」，是最初發出指令的部位，是「指揮總部」。右心房位於右上方，能規律且正確的產生電子信號。指令接下來會傳到「房室結」。

房室結在四個部位大約居中的位置，在此信號稍作「停留」，用以連接下方的信號。之後會傳到希氏束、左束支、右束支、蒲金氏纖維。但是這些不是點而是線，信號會傳到心臟各個角落，讓肌肉收縮。愈是低階的「部下」，愈要正確地傳達到末端。

順道一提，房室結又稱爲「田原結」，因爲發現者是日本的病理學家田原淳，以及他的老師——德國病理學家阿肖夫（Karl Albert Ludwig Aschoff）。彼時爲一九〇六年。

刺激傳導系統有問題時，指令就無法順利傳遞，這種狀況稱之爲「心律不整」。根據問題種類不同，心律不整也分爲很多種。

例如「竇房結」出問題造成下指令的頻率降低、心跳變慢的心律不整，稱之爲「病竇症候群」；房室結出問題的心律不整稱之爲「房室傳導阻滯」。

不過大家都知道，心跳並非永遠都同樣速度，緊張、劇烈運動時會變快。這種調節是大腦透過自律神經進行。「自律」誠如其名，是能自動調節全身各種維持生命機能的神經。

心臟由肌肉組成

在說明內臟的時候，我經常舉燒肉和烤雞當例子，因爲大多數的人對於牛、豬和雞的肌肉和內臟司空見慣，比較能想像出型態。

心臟的話就把它想成「雞心」，就是個「肌肉團塊」，而此肌肉是「心肌」。心肌和手腳的肌肉不同，自己無法控制。沒有人可以想讓心臟跳它就跳，當然也無法讓它停止。

意志無法控制的肌肉稱爲不隨意肌，相對的，可以靠自己意志控制的稱爲隨意肌。心肌就是代表性的不隨意肌。

心臟在安靜時，每分鐘約送出五公升的血液，而成人體內血液量也約莫五公升。也就是說一分鐘血液就繞了全身一周。但是運動時會有大幅變動，隨著心跳變快，心肌也增加收縮力，最多每分鐘可以送出三十五公升血液。

心臟是會不斷反覆收縮，猶如「幫浦」的器官，擴張時也具有將血液吸入的「眞空」功能。能送出那麼多血液，就有必要回收等量的血液。所以不只收縮力，擴張力也很重要。

專門治療心臟及血管的專科，在日本稱爲「循環器內科」，因爲從心臟出來的血液會在全身「循環」。循環器內科負責的不只是心臟，還有整個血液循環體系。

重要的是血液循環有「二種體系」。其一是肺循環，另一個是體循環，是從外界獲得氧氣並送到全身的機制，二種循環的流程簡述如下：

①流入肺部的血液從外部空氣取得氧氣。
②帶氧的血液流入心臟左心房。
③從左心室送往全身讓各個器官使用氧氣。
④接收各器官的排泄物：二氧化碳。
⑤將二氧化碳溶入血液中，回到心臟右心房。
⑥血液由右心室再次送往肺臟，排出二氧化碳，再獲取氧氣。肺部是氧氣與二氧化碳交換的地方，也就是「氣體交換」。

血液以心臟爲中心點，用畫「8字」的方式，在肺部與全身之間來來去去。

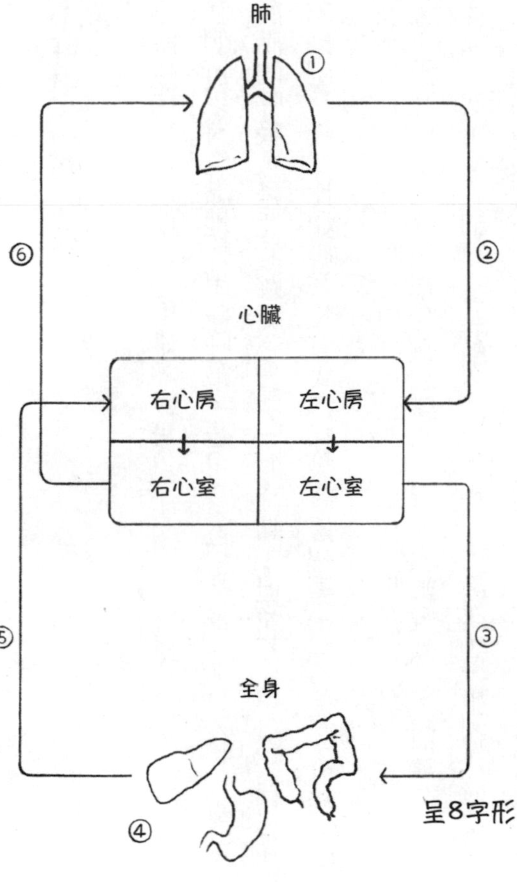

二大循環流程

腦可以控制呼吸

不可思議的呼吸

心跳無法靠自己停止，但是呼吸可以。

我們可以有意識地作出深呼吸，也可以大口嘆氣。

所謂的呼吸，是比心跳更「自由」的活動，但並不代表我們隨時都可以靠自己的意志控制呼吸。比如應該沒有人邊呼吸時邊想著，「今天一分鐘要呼吸十八次」吧？

大多數狀況下，呼吸都是無意識的進行。次數雖然因人而異，但大約是一分鐘十二～二十次，一天約二．五萬次，一年約一千萬次，一生約八億次。

此外，即使能自由停止呼吸，但卻不能永遠停止，最多憋氣一分鐘就會受不了，不得不再次呼吸。激烈運動後，也會在無意識之下自然加速呼吸。

也就是說所謂的呼吸，幾乎是「自動」的，但是某種程度可以用「手動」控制，非常不可思議。究竟是如何維持這樣的機制？

首先，自動控制的中樞是腦幹。呼吸中樞中會保持血液中氧氣和二氧化碳的量（分壓）、ＰＨ（酸鹼值），訂定呼吸的頻率。

即使想要停止呼吸……

從心臟出來後，立即就是稱之爲大主動脈弓的部位，以及脖子最粗的動脈：頸動脈，這裡有檢測血液中氧氣及二氧化碳分壓、ＰＨ變化的器官。它們可以說是在前線的偵查隊，各自稱爲「主動脈體」和「頸動脈體」。

這個偵查隊會向腦幹司令官回報戰況。解開此一機制神秘面紗的，是比利時的生理學家柯奈爾．海門斯（Corneille Jean François Heymans），他以此成就獲得一九三八年的諾貝爾醫學生理學獎。

另一方面，我們「思考」時會用到的是大腦皮質。我們可以隨著喜好憋氣、深呼吸，是因爲大腦皮質也能控制呼吸運動，稱之爲隨意呼吸調節。

而停止呼吸後沒多久就憋不住，是因爲負責與生命相關機能的呼吸中樞，其指令優於大腦皮質指令的緣故，不會形成都由大腦皮質把持的「危險」機制。

肺部像氣球

那麼，空氣實際上是如何進出肺部的？

我們往往認爲肺部本身有膨脹的能力，實際並非如此。肺部只是像氣球一樣，本身並沒有變形的能力。

請想像把寶特瓶從中間切開，然後在底部蓋上一片薄膜做出模型。上部維持開放空間，讓二個氣球和空氣可以進出。在這個模型中，氣球就是肺，連接氣球的二支吸管就是氣管，底部的薄膜是橫膈膜，寶特瓶內的空間就相當於胸腔。

將底部的薄膜往下拉，寶特瓶中的氣壓就會下降。這麼一來爲了要平衡氣壓，空氣就會從外面進入氣球，氣球中的氣壓會膨脹直到與寶特瓶內部的氣壓相等，這就是吸氣動作。

相反的，拉住薄膜的手鬆開，寶特瓶內的氣壓恢復，氣球中的空氣自然會流到外面，這就相當於吐氣動作。也就是說，肺部並不是「自己」改變大小，而是配合胸腔內的氣壓自然的膨脹收縮。

在這個模型中，只有底部的薄膜可以調節內部的容積，但實際上身體並不是只有橫膈膜與呼吸有關。「胸廓」內組成胸壁的肌肉，也能夠調節胸腔的容積。

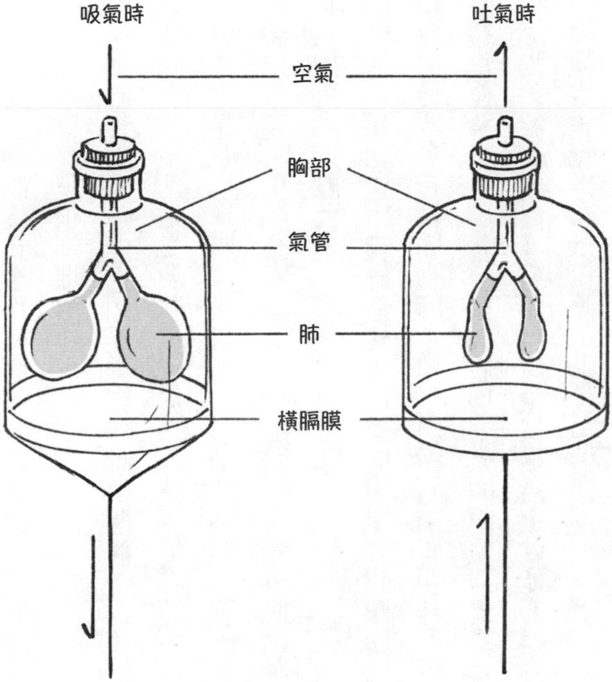

呼吸的機制

如果以圖片來說明，那就是寶特瓶本身可以擴大。實際上深呼吸的時候，肋骨會大幅往上、往外拉開，由此可知胸腔也能改變大小。

激烈運動時，肩膀的肌肉也會讓胸廓擴張。想像一下全速賽跑的運動選手肩膀會上上下下的模樣，應該就很好理解了。

有關呼吸運動的資訊，是透過知覺神經呼吸中樞傳遞，藉以調節呼吸頻率。即時判斷「現在要吸多少氣、還是要吐多少氣」，並發出適切的指令。

橫膈膜在圖片中是以「薄膜」來替代，名稱雖然有「膜」，但實際上是很厚的肌肉。如果以燒肉來說，橫膈膜就是「牛橫膈膜」。和里肌肉、牛小排一樣，都是外觀看起來有「如肌肉一般」。

如同前面所述，想知道內臟的模樣，用燒肉菜單來想像極為容易理解。因為人類說穿了只是自然界眾多脊椎動物的一種，內臟的型態和其他動物很像。

外科醫師經常會給手術患者或家人看切下來的內臟（實物或是照片）。尤其是切除的小腸或大腸，簡直就跟「豬腸」沒兩樣，馬上就能心領神會。所以即使是第一次看人類的內臟也會覺得有既視感，就是這個原因。

幽門螺旋桿菌和諾貝爾獎

胃癌最大的危險因子

癌症是因爲某個基因產生突變，造成細胞無秩序增生的疾病。如果大到破壞周圍的器官，就會危害性命。

很多癌症的成因並非單一，而是由各種成因交互影響導致。會提高罹患癌症風險的危險因子，有很多都廣爲人知。

例如肺癌好發於吸菸者。吸菸者罹患肺癌的比例是非吸菸者的四・八倍，抽菸可以說是肺癌最大的危險因子。順道一提，吸菸者喉癌罹患率爲非吸菸者的五・五倍、食道癌爲三・四倍❻。

胃癌的危險因子，最爲人熟知的是鹽分和醃漬物。所謂的醃漬物，是指用食鹽醃漬食物。而吸菸也是提高胃癌風險的因子。

但是近年來還有發現更大、更確切的危險因子，就是幽門螺旋桿菌。胃一旦感染幽門螺旋桿菌，就會引起胃黏膜慢性發炎。經年累月後會讓胃黏膜萎縮稱之爲萎縮性胃炎，就成了容易罹患胃癌的狀態。

並不是感染了幽門螺旋桿菌一定就會變成胃癌，只是危險因子之一。雖說如此，感染者罹患胃癌的機率是無感染者的十五～二十倍以上，胃癌無幽門螺旋桿菌感染者只有一％以下❼。

那麼幽門螺旋桿菌是如何感染到人體的？

事實上絕大多數都是戶內感染。嬰幼兒時期，多是從雙親口中被感染；長大成人後，則是藉由接吻、飲食等感染途徑。

想知道胃是否有幽門螺旋桿菌有好幾種檢測方式，比較常見的是尿素呼氣測試，即口服含有尿素的檢測藥物，從嘴部的吐氣來檢測。

幽門螺旋桿菌的特性就是能分解尿素，尿素被分解後會產生二氧化碳和氨。也就是說如果胃裡面有幽門螺旋桿菌，就會分解檢查藥物中的尿素，呼氣就會有二氧化碳。如果檢測出二氧化碳，就代表有幽門螺旋桿菌的存在。

但是不管是否有感染幽門螺旋桿菌，任何人呼氣都會含有二氧化碳，要怎麼分辨是「幽門桿菌產生的二氧化碳」呢？

其實是將尿素檢查藥物的碳原子C換成同爲元素^{13}C，可以檢測出$^{13}CO_2$。在自然界中，質量不同的碳原子C有好幾種，約九十九％是^{12}C。所以服用檢查藥物之後，呼氣中如果含$^{13}CO_2$較多，就證明有幽門螺旋桿菌。當然，$^{13}CO_2$對人體無害。

除了胃癌之外幽門螺旋桿菌也與胃瘜肉、淋巴腫、胃、十二指腸潰瘍等各種疾病有關聯。提到胃潰瘍、十二指腸潰瘍的原因，很多人都會回答「壓力」或「暴飲暴食」。但實際上有九十五％以上都是「幽門螺旋桿菌或止痛藥」❽（止痛藥相關請參閱第3章）。

發現幽門螺旋桿菌

幽門螺旋桿菌是在一九八二年被發現的。在此之前，都不認爲胃裡面會有細菌棲息，因爲那可是ＰＨ１、極爲強酸的環境。

但是澳洲醫師羅賓·華倫（Robin Warren），察覺到胃部有未知的細菌存在，並且爲了證明這種細菌的活性而嘗試培養。澳洲的醫師巴里·馬歇爾（Barry J. Marshall）也參與了此一研究。

培養方式是刮取胃部表面的檢體，然後放置培養基（富含細菌生存必要營養的

羅賓・華倫
（Robin Warren）

介質）上，確認細菌是否增加。但是實驗超乎預想的困難，不管試了多少次，細菌在培養基上完全沒有繁殖。

引領他們成功的契機是一個偶然。

馬歇爾醫師因爲復活節假期的緣故，一不小心就五天都沒有去照看培養基。在他休假期間，繁殖速度遲緩的幽門螺旋桿菌在培養基上形成完美的團塊。出乎意料之外，長時間培養成了關鍵。

利用顯微鏡觀察，發現了從未被發表，呈現螺旋狀的細菌存在。華倫和馬歇爾因爲這種細菌是螺旋狀（helical）的細菌（bacteria），且存在於幽門（pylorus），所以命名爲幽門螺旋桿菌（helicobacterpylori）。

即便如此，也不能說只要胃有幽門螺旋桿菌，就是致病的成因。幽門螺旋桿菌眞的會引起胃疾嗎？爲了證明這一點，馬歇爾親自進行了人體實驗。

一九八四年，馬歇爾爲了證明幽門螺旋桿菌和胃炎有關聯，自己吃下細菌。結果引起了嚴重的胃炎和胃潰瘍。他將該結果發表論文，以往懷疑細菌存在的人都被說服，之後也得知幽門螺旋桿菌和胃癌等各種疾病相關，對於公共衛生有重大貢獻。

華倫和馬歇爾也研究幽門螺旋桿菌的殺菌療法。現行的殺菌療法是用二種抗生素加一種胃藥，一天二次，服用一週（也有三合一的藥）。馬歇爾本身也有接受治療，成功殺死幽門螺旋桿菌。

二〇〇五年，馬歇爾和華倫以此番研究成果，獲得諾貝爾醫學生理學獎。

爲什麼幽門螺旋桿菌可以存活於強酸的環境中？事實上提示就在之前的說明中。幽門螺旋桿菌這個敵人也不容小覷，它爲了在嚴酷的環境下生存，獨自進化，會生成鹼性的氨以中和強酸。

爲什麼糞便是棕色？

十二指腸是交通要道

提到十二指腸是小腸的一部分，或許會有很多人感到意外。雖然知道名稱，但是到底在哪裡、有什麼功用？大多都一知半解。

如同前面章節所說，胃的出口有稱之爲「幽門」的門戶。通過此處之後，下面緊接著的、短短的腸道就是十二指腸。小腸分爲十二指腸、空腸、回腸三個區域，十二指腸是最上游，外形像英文字母C的內臟。

「十二指腸」是因爲寬度接近十二隻指頭並排，所以因此得名，長度大約是二十五公分。包含十二指腸在內的小腸，是進行營養吸收最重要的器官。

十二指腸是消化道中最重要的「交通要道」。

十二指腸與胰臟緊緊相連，通過胰臟中心的胰管，出口就在十二指腸腸壁。胰

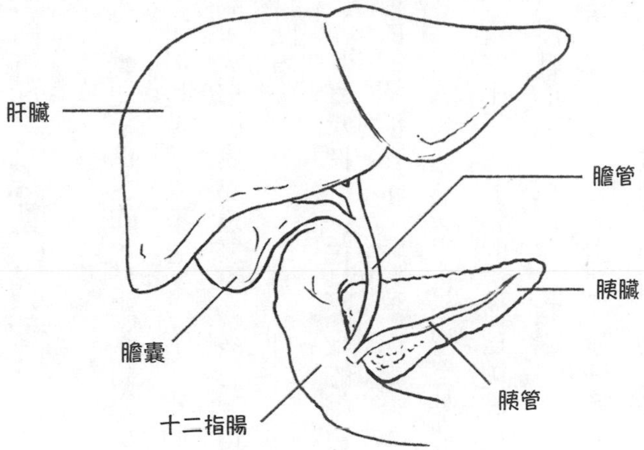

十二指腸和胰管、膽管

臟製造的胰液，會通過胰管流到十二指腸，與吃下去的食物混合。

胰液具有多種消化食物必需的酵素，如前述分解醣類的澱粉酶、分解蛋白質的胰蛋白酶和胰凝乳蛋白酶、分解脂質的脂酶等，也就是說，胰液可以完全分解三大營養素。

另外，膽管也在十二指腸同樣的地方有出口。膽管是肝臟製造膽汁的通道，膽汁儲存在膽囊之後，與胰液一樣會送到十二指腸與食物混合。

膽汁含有脂肪酸和磷脂，會將食物中的脂質變成好吸收的型態。你可以想成拉麵湯上面浮著油滴，脂質本身並不溶於水，但藉由膽汁，就可以達到油水混合的乳化作用。

十二指腸與周圍的器官以各種形式做連結，是非常重要的消化器官。

紅便、黑便、白便

糞便是棕色的，任誰都認爲理所當然。

但是希望大家思考一下。我們每天都吃進各色食物，並不是只有吃棕色的食物啊！入口的食物這麼繽紛多彩，但爲什麼出去的時候全部都變成棕色？這究竟是怎麼回事？

其實糞便的棕色是膽汁的顏色。更正確的說，應該是膽汁內所含的膽紅素與腸道內的細菌作用，轉變爲尿膽素，所以才讓糞便呈現棕色。

所謂的尿膽素，是組成紅血球的血紅素被分解後的產物。紅血球的壽命約一百二十天，老化的紅血球被破壞，裡面的血紅素在肝臟中轉化成尿膽素，然後成爲膽汁的成分流到十二指腸。

如果有某些理由造成膽管阻塞，膽汁沒有流到十二指腸會怎麼樣？食物會因爲沒有膽汁混合而拉出白色的糞便。

糞便的顏色還會因爲疾病不同而變紅或是變黑。大腸或肛門出血，血液會直接附著在糞便上，看起來就是紅色的；而如果是胃或十二指腸等上消化道出血，糞便就會變成黑色。

從消化道到肛門這段漫漫長路，尿膽素產生變性，從紅色變成黑色，就像海苔佃煮一樣，又黑又黏。

服用的藥物也會影響糞便的顏色。例如為了檢查而喝鋇劑，糞便就會變成白色；而治療貧血時服用鐵劑，糞便就會變黑。

從身體哪裡出問題到吃了什麼藥，糞便包含了非常多情報訊息。有人說從家庭垃圾可以看出個人的興趣、嗜好、年齡、性別，我們的排泄物正有力的訴說著體內的情況。

真正恐怖的胰臟外傷

胰臟的特殊性質

二〇一五年，七歲的男孩在上學途中絆倒，掛在脖子上的水壺夾在腹部和地面之間，腹部被用力撞擊❾。由於隨著奔跑的扭力轉了方向，水壺和地面呈垂直，因此底部就直接撞進了男孩的腹部。

之後男孩因不斷嘔吐而被送到醫院，檢查的結果是胰臟破裂，在二週內動了三次腹部手術、摘除一半的胰臟，好不容易才保住一命。

胰臟受傷真的是「大事」，理由在於胰臟性質特殊。

胰臟是靠近胃部內側，長約十五公分左右的黃色柔軟臟器。因交通事故、跌倒、暴力等原因讓腹部受到強烈衝擊，就會受傷、甚至破裂。

如前所述，胰臟是製造萬能消化液：胰液的臟器。如果胰臟損壞，這些消化液在腹部漏開，問題就嚴重了，因爲我們的身體是會被消化掉的（某種程度上）。

組成人體的成分，和我們喜歡吃的自然界動物所差無幾，所以當然有風險。而且胰液一天的產量約爲一．五公升，約莫是大罐寶特瓶一瓶的分量。即使胰臟斷裂，依然不會停止製造胰液。如果不靠手術修復，胰液會在腹部蔓延開來。

再加上要把斷裂的胰臟復原是極爲困難的事。胰管非常細，直徑僅有數釐米，而胰臟本身跟豆腐一樣柔軟，如果判斷很難縫合，就只能摘除部分或全部的胰臟。

文章開頭舉的例子，一開始手術時是整個胰臟都保留，但是第二次手術摘除了五十％。此舉會導致胰島素不足而有罹患糖尿病之虞，所以要特別留意[9]。

空腔器官和實質器官

槍砲或刀械造成的外傷稱之爲「穿刺性外傷」，交通事故或跌倒等造成的外傷稱之爲「鈍性外傷」。

「鈍性外傷」的傷病沒有貫穿皮膚，但是相較於直接刺進內臟的穿刺性外傷，鈍性外傷更容易引起大範圍的損害，也更容易形成重症。如同前面提到的水壺撞傷，就是很典型的鈍性外傷。

在日本，鈍性外傷占八十八％，穿刺性外傷較少，僅有約三％❿。而槍傷是極爲罕見的，穿刺性外傷大多是刺傷（刀械等刺穿）。

一般而言，實質器官比空腔器官來得容易受傷。所謂空腔器官，是呈現「管狀」或是「中空」的臟器，例如胃、小腸、大腸、子宮、膀胱等；而所謂的實質器官是實心的臟器，例如肝臟、腎臟、脾臟、胰臟等。

空腔器官可凹陷可膨脹，受到外力可以彈性應對。就像小嬰兒可以在子宮中漸漸長大，這種變化應該就很好懂，但實質器官無法輕易的改變形狀。

實際上，鈍性外傷僅有一．二％是空腔器官，大部分都是實質器官❿。

腹部因外傷受損頻率最高的是肝臟，其次是脾臟、腎臟等實質器官。尤其是肝臟，男性約一．五公斤，女性約一．三公斤，是腹部最大的器官。因此很容易因爲外力受到傷害。

相較之下胰臟因於腹部內側，單獨受傷的比例比較低，九十％是由於其他器官損傷引起併發症❿。

我們的身體有容易受傷和不容易受傷的部位。了解身體的構造，就能懂得人體的弱點。

腸子的長度與人體的「允許誤差」

人體的「允許誤差」

你聽過「下消化道內視鏡檢查」嗎？

統稱「大腸鏡」，是從肛門把細長管狀的攝影機送入體內，觀察整個大腸的一種檢查。相較於胃鏡（上消化道內視鏡檢查），大腸鏡的受檢者前置作業比較麻煩。

檢查的前一天就要開始準備。晚餐簡單吃一點，睡前要吃瀉藥讓糞便在半夜排出。然後當天早上要喝下二公升的瀉藥，讓大腸完全清空。如果有糞便殘留，就無法準確觀察大腸壁，檢測的品質也會下降。

當天一大堆受檢者會坐在診間，一邊喝下瀉藥，一邊不斷跑廁所，直到排出透明的糞便才可以開始受檢。

排便難易度和對於瀉藥的反應因人而異，排出所有糞便所需的時間也各不相同。平常就有便祕傾向，大腸內宿便很多的人，要花很多時間。有人馬上就排光，也有人怎麼也拉不出來，對於受檢者來說，是有點麻煩的檢查項目。

更進一步來說，每個人受檢所需的時間也不一樣。因爲大腸的長度、彎曲度、走向全部都有個體差，會左右攝影機是否好通過。

每次說到這個話題，很多人都非常吃驚，但是眼鼻的形狀及大小、手腳的長度、身高，每個人也不同，所以應該是理所當然的事，但是內臟的大小及長度，和從外觀上就可以判別出來的身體特徵最大的差異，就在於「個人是否有自覺」。

我們平常並不會感覺到「我的大腸長度跟別人不同」。現在正在閱讀這篇文章的你，有可能大腸比我還要長二十公分。如果沒有特殊理由，你應該也不會發現，畢竟腸子長一點也不會對日常帶來困擾。

人體在不影響生存的範圍內，有「允許誤差」存在。胃、肝臟的大小，小腸或大腸的走向、血管的粗細都因人而異。正如外觀一樣，器官在可以健康存活的範圍內，會有不同的個性。

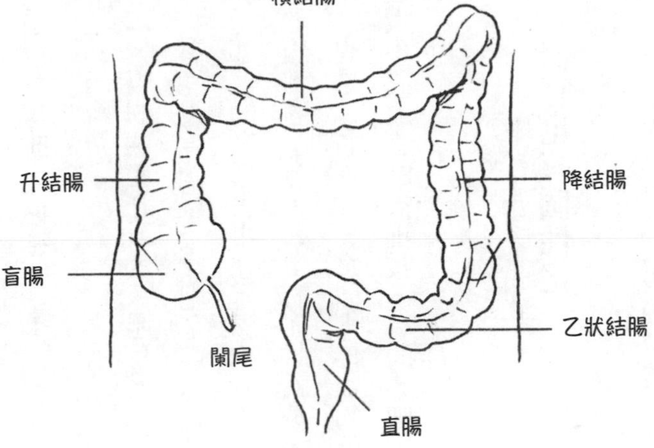

大腸

「盲腸」病名的謬誤

如果器官太有個性，超過「允許誤差」的範圍，就會對人體有負面的影響，那就不稱爲「個性」，而是「疾病」了。

大腸長一點無所謂，但是太長就會變成慢性便祕、容易腸扭結，需要治療。例如「乙狀結腸過長」，就是因爲乙狀結腸太長引起的疾病，治療時必須進行手術將大腸切短摘除，然後上下再接起來。

大腸分爲盲腸、升結腸、橫結腸、降結腸、乙狀結腸、直腸等，每個區域像地址一樣各有名稱。來自小腸的液體，會照此順序在大腸內移動，然後形成糞便。

乙狀結腸是因爲形狀像「乙」而得名，「乙」的彎曲程度有各種型態，有的人幾乎沒有彎曲，接近於「I」，而有的人彎的弧度很大，呈現「Ω」。

大腸的「允許誤差」還有很多。

有聽過「闌尾炎」吧？就是以前被誤稱爲「盲腸」的疾病。如同前面所述，盲腸是部位的名稱，掛在盲腸下方的「闌尾」發炎引起的疾病就是「闌尾炎」。闌尾位於腹部右下方，典型的症狀就是「右下腹部疼痛」。

說是「右下」，每個人疼痛的位置還是有些許差異，因爲闌尾的尺寸和走向每個人不同。有的人細長，有的人肥短；有人往上長，有人往下垂，型態眞的各有千秋。

器官也有個性化

事實上每個人盲腸的位置也稍有不同。小腸連接處下方的大腸稱之爲「盲腸」，這一點大家都一樣，但是有人的盲腸位置天生就沒有固定，會到處移動，稱

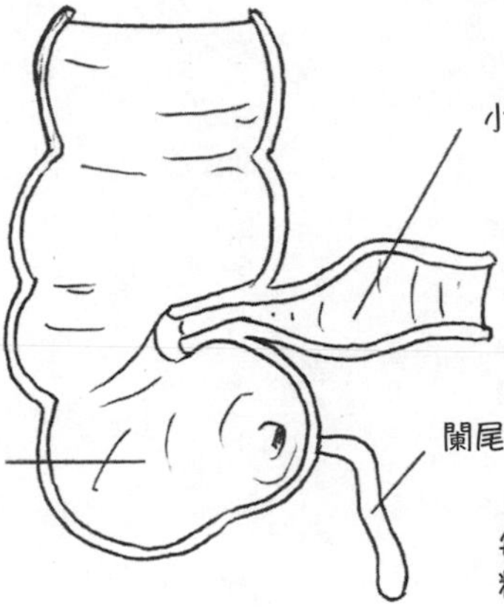
小腸
盲腸
每個人闌尾的方向、長度、
粗細各有不同

闌尾與盲腸

之爲「移動盲腸」。

盲腸的位置不同，下面的闌尾位置當然也不一樣。這也就是爲什麼發炎時疼痛的部位會不同的原因。

正在閱讀本書的你，盲腸說不定就是沒有固定的，也有可能闌尾比我長五倍。但是如果不是生病去檢查，自己根本不會察覺到。這種在正常範圍內的「個性化」，不會對生活造成任何影響。

說個題外話，我的大腸被說過「非常好檢查」。負責做大腸鏡的醫師說，我的大腸走向很平順，不會太長，也沒有太彎，所以攝影機很好前進。

大腸鏡檢查時，每個人的疼痛感會有所不同，最主要的原因大多出在器官本身。很多人會認爲「醫師的技術愈好愈不會痛」，確實無法否定醫師的技術多少有影響，但是「能否順暢的完成檢查」，器官的「個性化」程度占的比例比較大。

順道一提，胃鏡檢查和大腸鏡檢查不同，一般來說不需要吃瀉藥。如果是身體健康的人，睡一晚胃部就會空了。

爲什麼會放屁？

放屁和打嗝的共同點

爲什麼放屁會臭？因爲大腸裡的細菌分解食物，產生硫醇和硫化氫等臭味氣體。硫化氫被形容是「有如臭雞蛋」，這也是溫泉飄著臭味的原因。對於細菌來說，這種作用是生存的必要活動。

有了這方面的常識，很容易會誤以爲「屁是腸子裡產生氣體」，但並非如此，屁大半是從嘴巴吃進去的空氣。

我們在吃東西的時候，會把空氣一起吃進肚子。進入胃的空氣，一部分會逆流從嘴巴排出，一般稱之爲「打嗝」，醫學上稱之爲「噯氣」；剩下的空氣就和食物一起到小腸，藉由腸蠕動不斷往下，最後連同大腸內的臭味氣體一起從肛門排出，這就是屁。

吃東西又急又快，就很容易吃進空氣。吃下去的空氣量多，當然打嗝和放屁的次數也會增加。雖說如此，進食時也不可能完全都不吃進空氣。

進行腹部斷層掃描時，每個人的腸道裡一定都有空氣。量的多寡因人而異，有人多、有人少。但是以健康的人來說，腸道內完全拍不到空氣是不可能的。不管吃東西時多慎重，一定會吃到空氣。

空腹時肚子會叫，大家一定都會有這樣的經驗。但是其實不限於空腹，肚子其實經常會「叫」。證據就是拿聽診器聽腹部的時候，只要是健康的人，聽起來都會咕嚕作響。我們覺得「肚子在叫」時，是只有「聲音大到不用聽診器也聽得到」。

肚子的聲音主要是腸道（大腸和小腸）搬運食物所發出的聲音。腸子隨時都在蠕動，但主要還是有二種模式，一是空腹時的「空腹期收縮」，另一種是進食後的「進食期收縮」。

腸道的收縮力在空腹時更大，從胃、十二指腸開始的收縮會一路傳到小腸末端，這是爲了要讓腸道內殘留的胃液和腸液往下游送出，爲下一餐做準備。這也是爲什麼空腹時比較容易聽到腹鳴的理由。

當然，在肚子不餓時也可以聽到腹鳴，這是腸道不斷在運動的緣故，不需要大驚小怪。腸道運動活潑，代表很健康。

進行腹部手術的時候，打開腹部就會直接看到腸子，此時腸道蠕動聲眞是非同小可。平常都是隔著腹部聽到的聲音，沒有遮蔽物後變大聲很正常，而且是整個手術室都聽得到的大音量。

大家可能認爲聽診器都是拿來聽胸部，但像我這樣的消化器官專科醫師，拿聽診器來聽肚子的機會更多。

進食後就會想大便的理由

吃完飯後沒多久一定會有便意，你也有這種經驗嗎？

很多人都是在家吃了早餐後，上完大號才去上班。但應該也有本來沒有便意所以直接出門，結果走著走著卻便意襲來而後悔不已的經驗吧？

午餐後也一樣。我經營的醫療資訊網站有解說排便相關的文章，點閱率非常明顯的集中在平日中午十二點到下午一點的時候。這個時間帶排便的人很多，想當然耳搜尋「腹瀉」「血便」也會增加。

「用餐後就想大便」乍看之下理所當然，但仔細想想卻很不可思議，因爲食物不可能那麼快就變成糞便。

慢慢地消化，經過腸道運動往下運送，也要一～二天才會排出糞便，不可能像削鉛筆機那樣，把積存在腸道內的糞便推出去。如前所述，食物會在胃裡稍作停留，然後才徐徐進入十二指腸。也就是說進食後感到便意而去上廁所的時間點，食物大部分還在胃裡。

那麼為什麼進食後會有便意？事實上是因為「食物進入胃部會促進大腸蠕動」，這稱為「胃結腸反射」，也就是吃東西的時候，大腸內積留的糞便就會反射性地往下運送，所以會感到便意。

當然，這還是會有個體差。平常便祕的人可能會想，如果能這麼容易有便意就好了。每個人對胃結腸反射的反應不盡相同。

優異的肛門機能

實彈與空包彈

一個接受肛門手術的好友，是以「分不出實彈和空包彈」的說法跟我訴說自己的煩惱。因爲肛門的功能低下，所以分不出屁和糞便的差異。這種說法很獨特，但眞的讓人笑不出來。

肛門是宛如精密機械的器官，可以瞬間分辨「現在下來的是固體、液體、氣體」，並做出「只有氣體時才排出」的高度選擇反應。固體和氣體同時出現時，「固體留在直腸內，只排出氣體」也是絕活，這種系統，是人工做不來的。

如果不能分辨屁和糞便，生活上會非常不便，總不能每次要去廁所蹲馬桶才能放屁吧！尤其是平常工作不方便常跑廁所的人，就只能包尿布了。

談到這個話題，一定會有少數人會反駁「我的肛門有時候也會搞錯氣體和液體啊！」的確，即使肛門很健康，對於分辨水樣狀的糞便和氣體也有點困難，但是頻率絕對不高，頂多是在吃壞肚子腹瀉的時候「偶爾」失常。

除此之外，肛門還有一個了不起的機能。

積存在直腸的糞便可以「無意識」地止住，在想要排出的時候才排出，但如果每次只要有少量的糞便進入直腸，肛門就得用力防止滲漏，那會如何？根本很難正常生活吧！連好好睡一覺都辦不到。

讓肛門出口常態性收緊的括約肌有二種。一種是外肛門括約肌，另一種是內肛門括約肌。外肛門括約肌是靠自己的意志可以控制的肌肉，也就是隨意肌。而內肛門括約肌是不隨意肌，也就是說跟意志無關的肌肉。

想要讓肛門收緊，應該可以辦得到，這時候運用的就是外肛門括約肌（以及恥骨直腸肌）。

當然直腸的容量有上限，如果大量的糞便讓直腸壁伸展，排便反射會讓內肛門括約肌鬆弛，這個時候如果有意識的讓外肛門括約肌鬆弛，就可以排便。

嬰幼兒時期這種調節機能尚未成熟，所以都是反射性的排便。而成人可以從大腦皮質下指令讓外肛門括約肌收縮，所以可以反向控制無意識的反射便意。

這種高機能的肌肉，有著極爲細緻的感應器，支應著我們的日常生活。平常生活中很難感受到肛門值得感謝之處，但其實是無可取代的優異器官。

一定要防止肛門外傷

有不少將杯子或人偶插入肛門後，因爲取不出來而就醫的狀況。這有可能造成直腸或肛門受傷出血或是穿孔，演變成嚴重的腹膜炎，甚至需要動手術。

到目前爲止，已有很多肛門異物插入的研究報告。患者的年齡層遍及二十～九十歲，男性是女性的十七～三十七倍之多⓫。

插入的異物以家庭日用品居多，瓶子和玻璃約占四十二％⓫，其他還有牙刷、刀子、運動用品、手機、燈泡等。

還有半開玩笑地用空氣槍吹同事的肛門，造成對方死亡的事故，不論哪一種都是非常危險的行爲。

另外，過度使用肛門性交，造成肛門直腸受傷的例子也屢見不鮮。尤其是直腸表面有一層柔軟的黏膜，如果過於粗暴會破裂出血。相較於陰道，肛門和直腸的壁面是更嬌貴的。

肛門、直腸嚴重受傷時，在痊癒前有一段時間無法使用，這時會用手術做人工肛門。但這必須改變糞便的通道，即使順利完成治療，術後的肛門機能也有可能無法完全恢復、留下後遺症。

一旦肛門功能變差，如前所述，會對日常生活造成莫大的影響。

除了肛門外傷，直腸癌、肛門癌等直腸肛門疾病，爲了切除病灶，一定會傷到肛門周圍的肌肉和神經，手術後也可能發生肛門功能障礙。

另外交通事故、運動傷害等造成的脊髓損傷等神經障礙，也會影響肛門功能。

人工肛門是什麼樣的東西？

除了直腸、肛門外傷之外，因爲各種腹部疾病也會需要用到人工肛門。日本約有二十萬人以上有人工肛門（※）⓬，但因爲藏在衣服裡、很難辨識，所以實際狀況很少人知道，很多人都還會誤以爲是心臟起博器或是人工關節之類的設備。

所謂的人工肛門，是在腹腔做一個開口，將大腸切一個口拉過來，讓大腸內部和外界直接連接的狀態。

由於是在臀部的肛門之外再做一個出口，所以不需要埋什麼儀器設備進體內，就是有一部分的大腸在皮膚外看得見的狀態，然後裝上造口袋來裝糞便。因爲不會感受到便意，所以糞便是自然積存在袋中，再定期到廁所處理掉。

另一方面，人工膀胱是用腸子代替膀胱，也是腹部開口，將腸子一端拉出外面來排尿。外觀和原理跟人工肛門很類似，所以一般統稱為「腸造口」。

造口袋等具有防臭加工，正確使用就不會臭也不會漏，貼上防水膠布還可以直接洗澡。不過很遺憾的，還是有溫泉設施會拒絕使用人工肛門者。

如果覺得被乾淨的造口袋覆蓋的人工肛門很髒，那人自己的肛門又有多乾淨？肛門裸露、直接接觸到溫泉應該更髒吧！

順道一提，相對於人工肛門，臀部的肛門稱為「自然肛門」。有時候在有自然肛門的狀態下，暫時性的使用人工肛門，這時候就有二個「肛門」。這種狀況必須加以區分。

※此為核發身心障礙手冊之人數，不包含暫時性設置人工肛門的人數（之後預定關閉造口），因此推定整體人數應該更多。

癌症容易轉移的器官

肝臟是人體的「物流基地」

我們來談談「癌症轉移」。

癌症轉移到其他器官稱爲遠隔轉移，消化器官癌症的遠隔轉移以肝臟居多。例如大腸癌第四期的患者，遠隔轉移的器官約有一半是肝臟⓭；而胃癌、食道癌、胰臟癌遠隔轉移至肝臟者也非常多。

爲什麼轉移會偏愛某一個器官？全身上下器官這麼多，爲什麼不會到處轉移？理由其實很單純。流經消化器官的血液，下一個流經地就是肝臟。

癌症發生轉移是因爲癌細胞進入附近的血管，然後流到轉移的器官，所以消化器官癌症，必然會流到肝臟。

從消化器官匯集的血液，會經由流向肝臟的粗血管進入肝臟。癌細胞也隨著血流一起進入肝臟，並停留定點增殖，再次形成腫瘤。

肝臟全盤接收流經消化器官的血液，這種機制可以用攝取營養的觀點來看。如前所述，食物被各種酵素分解後，透過消化道的黏膜被吸收到血管內，然後隨著血液流到肝臟，轉換成可利用的型態，以及作為必要時期的儲藏。這就是爲什麼肝臟被稱爲人體的「物流基地」「化學工廠」。

例如葡萄糖在肝臟中會轉換爲肝醣儲存，以備日後需要時可以當作能量使用；白蛋白、纖維蛋白原等人體必需蛋白質，也都是在肝臟內生成。這些成分的原料，就是從食物吸收來的各種氨基酸。各種維他命也是儲存於肝臟，需要時再轉換成可利用的型態。

肝臟功能宛若「化學工廠」，具有原料能力及送達的物流系統，效率極佳。順便一提，如果是因爲肝硬化造成肝功能低下，就要吃消夜，稱之爲消夜療法或是「Late evening snack」（LES）。

健康的人在晚餐過後到隔天早上的期間，完全不吃東西也不會有問題，這是因爲肝臟內儲藏的肝醣在需要時會轉化成葡萄糖，成爲能量來源，所以身體能負荷長時間不進食。但肝臟功能低下時，肝醣儲存量就會變少，容易缺乏體力，光是一整晚的饑餓狀態就會對身體造成很大的負擔。肝硬化的人如果一整晚不進食，就相當於健康的人絕食二、三天的狀態。

肝臟的解毒作用

分解食物後產生的老廢物質，有時候會對人體有害。針對有害物質的「解毒」，也是肝臟的重要功能。

其中最具代表性的老廢物質，就是氮的代謝物氨。

不僅人類，對所有的動物而言，氨都是有毒物質。可是分解蛋白質（胺基酸）作爲能量來源，無論如何一定都會產生氨，所以必須將氨轉變成無害的型態，然後排出體外。

肝臟可以將氨轉換成無害的尿素，這種機制稱爲「尿素循環」，是牽涉到好幾種酵素的化學反應。氨轉化爲尿素之後，可以變成尿液的一部分，安全地排出。

因肝硬化等嚴重的肝臟疾病造成肝臟功能低下時，就會讓體內累積過多的氨。血液中的氨增加，就會使容易受傷的腦部陷入昏睡狀態，稱之爲「肝性腦病變」。

先天性尿素循環異常的疾病統稱爲「尿素循環代謝異常症」，是罕見疾病之一。罹患此疾會讓體內累積過多的氨，造成昏迷、痙攣、發展障礙等各種問題。

知道此一疾病的成因，就能了解肝臟的「氨解毒」功能有多重要。

動物以蛋白質爲能量來源，就必須有氨的處理系統。棲息於水中的魚類大多是把氨直接排出體外，因爲氨極易溶於水，可以擴散在周遭大量的水中。

另一方面，陸生動物就必須在體內將氨轉化爲毒性較低的型態。所以哺乳類具備將氨轉化爲尿素；而鳥類、爬蟲類大多是將氨轉化爲尿酸的機制。

尿酸也是氮化合物的一種，是很難溶於水的型態。不同於溶於水排泄掉的尿素，排泄尿酸不需要水分，可以用固體（結晶）的方式排出體外（排便）。

對於生存環境缺乏水分的動物來說，尿酸的方式較爲有利，像爲了飛翔需要身體輕盈的鳥類，不需要水分更是最大優點。

爲什麼會有黃疸？

你應該聽過，肝臟不好的人會有黃疸的說法。

所謂的黃疸，會出現皮膚表面或是結膜變黃的現象，是因爲血液中膽紅素過多所引起。

那麼什麼時候血液中的膽紅素會增加？其實只要利用本書到目前爲止所寫的知識，就可以回答這個問題。

膽紅素是老化的紅血球的代謝物，含有膽汁成分。健康的人膽紅素會從肝臟排出，透過膽管流到十二指腸，最後變成糞便，就如同前面篇章所介紹。

但是出現肝臟機能障礙會怎麼樣？肝臟無法順利排出膽紅素，會停滯在肝臟裡，過多的膽紅素從血液中溢出，就引起黃疸。

當然黃疸也有因爲肝臟以外的疾病所引起。例如肝臟很正常，但膽紅素的通路膽管阻塞，造成膽紅素無法排出，也會導致黃疸。

另外，因爲血液相關疾病，紅血球被大量破壞，造成膽紅素增多，超過肝臟能處理的量，結果過多的膽紅素就流到血液中造成黃疸，統稱爲「溶血性貧血」。

引發黃疸的疾病雖然很多，但成因卻很簡單。只要能了解內臟的功能，致病的理由就自然顯而易見了。

陰莖是如何縮短變長？

大衛像的寫實造型

沒有像陰莖一樣，體積可以如此劇烈變化的器官。胃、大腸、子宮等空腔器官由於壁面柔軟，可以隨著內容物改變容量，所以可以膨脹到比平常還要大；但是實心的實質器官，就無法輕易的改變大小。

在這一點上，陰莖算是特例。

爲了讓精子更有效率地到達子宮，陰莖在插入時一定要變大變硬，但平常如果太大不但走路很礙事，也有如後面所述的受傷風險，所以小一點比較合適。這種巨大的變化，是透過什麼樣的機制得以實現的？

勃起是因爲大腦受到性刺激發出訊號，經由副交感神經傳遞到陰莖（也可以藉由對陰莖物理性的刺激，不經由腦部而勃起）。陰莖內部有稱爲「陰莖海綿體」的組織，血液從動脈流入後，陰莖就會像海綿吸水一樣膨脹變大，也就是說陰莖內部充滿血液。

海綿體本身被一層強韌的白膜包覆，勃起時會從內側壓迫固定，藉此堵住血液的出口——靜脈，防止血液流出，如此才能維持勃起的狀態。

副交感神經是放鬆時會作用的神經，而交感神經則是在緊張時作用。也就是說緊張或感到害怕的時候，是無法勃起的。

順道一提，米開朗基羅代表作「大衛像」，眾所周知陰莖大小與身材不成比例，佛羅倫斯的醫師們對此加以研究，並於二〇〇五年發表論文，理由是呈現在戰鬥之前感到緊張與害怕的樣子⓯。

回溯當時的背景，以往禁止人體解剖的限制，在文藝復興時期解禁，因此解剖學急速進步（於第3章詳述）。不只是醫師、解剖學者，日後留名青史的藝術家們也都在做解剖，想要正確的了解人體構造。

達文西大概解剖了三十具人體，繪製了超過七百張精緻的解剖圖，米開朗基羅也是其中之一。藉由自行解剖人體，獲得正確的解剖學知識，了解這樣的時空背景，就不難理解為何大衛像能如此寫實了。

器官變硬也代表同時會失去柔軟性。陰莖也是如此，勃起時比平常更難抵禦外力，有外傷就有可能斷裂，稱之為「陰莖骨折」。原因除了性行為、自慰、翻身之外，晨勃時被跳上床的小孩壓斷時有所聞。

不過陰莖沒有骨頭，實際上「折斷」的是白膜。折斷時會「啵」的一聲，然後內出血腫脹。如果放任不管，以後勃起時可能會彎彎的，所以需要手術縫合白膜。只要好好治療，日後就不太會有勃起障礙等後遺症⓰。

尿道長短男女有別

陰莖的中央有尿道，對男性來說也是尿路的一部分。也就是說運送精液和運送尿液都是使用尿道，而女性的尿道則是在陰道旁邊的岔路上。

因為構造上的差異，男性的尿道比女性來得長。女性尿道僅有四公分左右，但男性卻有四～五倍長，因此女性感染膀胱炎、腎盂腎炎等尿路感染症的比例較高。

所謂的尿路感染，是陰部的細菌逆流到尿路而引起的感染疾病。感染到膀胱會引起膀胱炎，而沿著尿路一路往上到腎臟，則稱為腎盂腎炎。

女性的尿道較短，細菌很容易就會往上逆流。而且女性的尿道入口（尿道口）與肛門的距離很近，也是感染風險高的原因之一。

另一方面，萬一男性發生尿路感染，必然「有任何潛藏的原因」。除非是有前列腺肥大、尿路結石、惡性腫瘤等造成排尿障礙等原因，要不然健康的男性幾乎不會有尿路感染。

而因爲排尿相關的神經障礙，尿液無法順利排出，容易滯留於膀胱的疾病稱爲「神經性膀胱炎」，也是尿路感染風險之一。例如糖尿病惡化傷到神經，也同時引起神經性膀胱炎。這也是男性尿路感染的風險之一。

男性和女性的身體，最大的差異就在於生殖器官，而這些差異正影響著罹病的風險。

深感覺

你做得到嗎？

在這邊來做一個實驗。

右手握拳，拇指立起。維持這個狀態閉起眼睛，在完全看不見的狀況下左手去抓握右手的拇指。應該不會有人要花很多時間找拇指位置吧？不管右手離多遠，應該都能在最短距離、百發百中抓住拇指。

即便閉上雙眼，都還是能正確的判斷身體各部位的所在之處。不管是鼻子、手肘、腳趾，眼睛不看都可以正確的找到位置。

但是想要閉著眼碰觸別人的鼻子，卻是不可能的任務。能夠掌握位置正確性的，只有「自己的身體」。

你大概也覺得這是理所當然吧？眼睛看不見卻能知道身體各部位的位置，代表身體一直在發送「位置訊號」讓腦部接收。即使視覺受到阻隔，卻知道某處有東西存在，這必然是身體用某種方法，發出「某種東西」「在這裡」的訊號。這稱之爲「深感覺」或「本體感覺」。相較於溫度覺、痛覺、觸壓覺，是平常很難意識到的感覺。

溫度覺、痛覺、觸壓覺訊息的接收器主要是身體表面。而深感覺的接收器是在骨骼的表面，或是關節、肌肉、肌腱等。這些接收器接受到的是關節屈伸的程度、肌肉收縮鬆弛的情況，以及各個位置的訊息。這些情報會通過脊髓傳達到腦部，我們才會辨識出自己身體的位置和姿勢。

即使閉上雙眼，我們也能正確的辨識出來自己身體所有關節以何種角度彎曲著。脖子、肩膀、手肘、膝蓋、手腕，一切部位是何種模樣，不須直接雙眼直視也能正確想像。

閉著眼睛玩猜拳，絕對不會知道對方出什麼拳，不過自己出什麼卻一清二楚。我們可以毫不思考的筆直行走、喝杯子裡的水、換衣服，都是因爲具備這些深感覺。全身的關節和肌肉隨時提供即時的情報，才能依此爲據調整姿勢。

如果問你，你覺得最舒服的姿勢是哪一種？被這樣一問，你八成會回答：「當然是七仰八叉躺在床上最舒服啦。」但是躺在床上的時候，具體來說究竟是什麼姿勢最舒服？也就是說肩膀、手肘、膝蓋、大腿關節，各自彎成什麼角度的時候覺得舒服？

如果問到這個地步，大概會被堵上一句「我才沒想那麼多」。也就是說應該是你睡覺時，身體在無意識之下總是選擇了最舒服的姿勢。

那麼重病或臥床者，那些無法靠自己行動的人又是如何？如果無法靠自己的力量，做出自己想要的舒適姿勢呢？在醫院或是安養院中，看護等照顧者必須要知道「哪種姿勢最舒適」。由於無法自力移動，「要做出什麼姿勢」則要靠本人以外的某人幫忙決定。

事實上醫學上已經找到對肌肉和關節最沒有負擔、最輕鬆的姿勢，稱之爲「良肢位」，也就是所謂的「刻意」姿勢，和「基本肢位」不同。

各個關節過度屈伸都會造成負擔，所以取中間角度負擔最小。以此知識爲基礎，看護會使用枕頭支撐手腕、腿部，或是夾毛巾等，隨時調整舒適的姿勢。

順道一提，骨折打石膏固定關節時，一般也是用良肢位。這個姿勢負擔最小，又比較不會對生活造成妨礙。

不過如果說因爲是舒適的姿勢，所以臥床的人就應該一直保持不動，那就毫無意義。身體完全不動，關節會僵硬，變得無法自由轉動，稱之爲「攣縮」。

爲了預防攣縮，必須屈伸關節、將體位由仰躺改爲側躺等，定期變換姿勢。

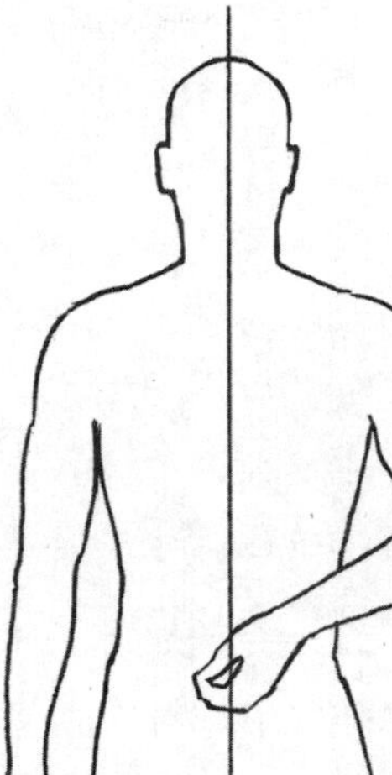

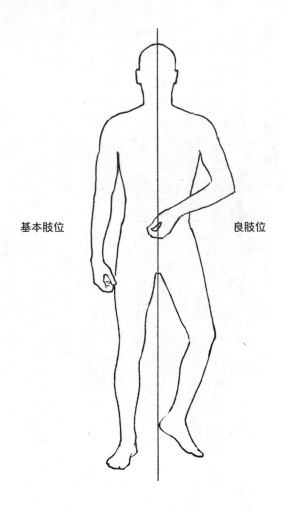

醫學上的舒適姿勢

健康者不會得褥瘡的原因

定期變換體位在預防褥瘡上，也是非常重要的一環。

健康的人不論多累、睡得多沉，身體也不會得褥瘡，是因爲會在無意識的狀況下翻身。

大家都鮮少察覺到在熟睡時，「身體會自行隨意翻身」是多麼値得感謝的機能。無法靠自己的力量翻身，很快就會得褥瘡。想像一下五、六十公斤，或是將近一百公斤的重物放在床上的狀態。可以想見物體下面所承受的壓力有多大。

一直仰躺著，臀部、腳跟、手肘、肩胛骨、後頭部等，都承受了很大的重量，這些都是容易長褥瘡的部位。

因此對於重病、臥床這些動彈不得的人來說，爲了要預防褥瘡，必須定期變化體位。如果對象是成人，變換體位就必須要二人來幫忙。在醫院或療養院，護理師和看護都會定期進行這方面的護理。

我們平常因爲身體健康，都沒有注意到這些機能有多珍貴。人一旦生病，無法做出以往「無意識」進行的舉動時，全身會開始到處出問題。「沒多想就可以擺出舒適的姿勢」，這是健康者擁有的寶貴機能。

撞到手肘爲什麼會有觸電感？

會感到麻的只有無名指和小指

手肘不小心撞到桌角，整隻手臂馬上就是一陣刺麻痛感，大家一定都曾有過這樣的經驗。很奇怪，明明撞到的部位是手肘，但是痛麻感卻延伸到手指頭，爲什麼會產生這種現象？

那是因爲手肘靠近體表的地方有神經通過，這條神經稱爲「尺神經」。尺神經主司一半的無名指和小指的感覺。撞擊手肘時會覺得整隻手刺刺麻麻，其實並非如此，刺麻的只有無名指和小指，而且無名指還是外側的那一半而已。下次撞到的時候，你要是特別注意感受一下，就會發現刺麻的區域比想像中還要侷限（雖然可能痛到沒有心思去注意細節）。

支配手部感覺的除了尺神經之外，還有橈神經、正中神經。這三條神經都是由手腕延伸到手臂，各自有精細的負責範圍。

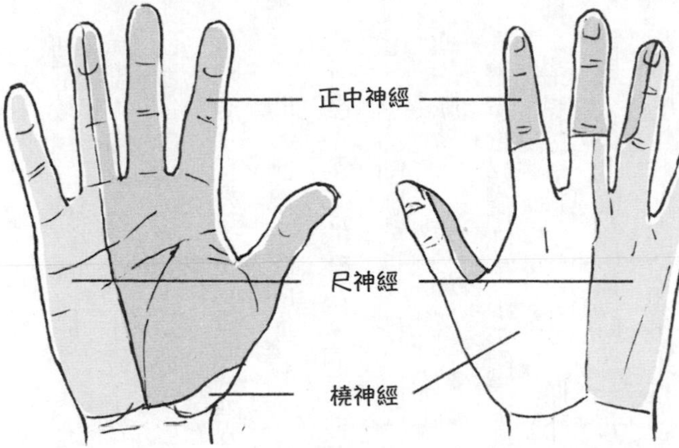

支配手部感覺的神經

當然，神經除了手的「感覺」之外，還負責「運動」的支配。人體沒有哪個部位可以像手一樣，做出各種複雜的運動。光是手掌的骨頭就有二十七塊，讓拇指運動的肌肉就有八種。三種神經複雜的交互作用下，讓手部可以做出精細的動作。

順道一提，橈神經的麻痺俗稱「週末夜手臂麻痺症」或「蜜月手臂麻痺症候群」，是因爲由於另一半長時間枕在手臂上所造成的麻痺。

橈神經麻痺會讓手指無法伸直，手腕難以抬起，正式的名稱是「垂腕症」。

血管通過的地方

通常較粗的神經或動脈，大多都是從離體表較深的部位通過。愈是重要的管路、纖維，因位在深處，比較不容易受傷；但是尺神經在人體構造上很例外的，是從淺層處通過，動脈也一樣。

有聽過「wrist cut」這個詞嗎？「wrist」是手腕，而「wrist cut」是以傷害自己身體爲目的，割傷手腕的血管。

爲什麼不選其他部位，而非要選手腕呢？當然是因爲「例外的」動脈分布在皮膚淺層。這條動脈稱爲「橈動脈」，把手指靜靜貼在手腕上，你一定可以感受到撲通撲通的脈搏。

身體還有幾個部位跟手腕一樣，動脈由皮膚淺層處通過，表面就可以碰觸到脈搏。最具代表性的是脖子、腋下、手肘內側、膝蓋內側、腳後跟、腳背。在醫院裡，醫護人員要確認脈搏時，一定會碰觸上述某一個部位。

相反的，其他部位如果不是很深的傷口，基本上不會傷到動脈，當然從體表也碰觸不到脈搏。

另外請你看看自己的手背、手腕，應該隱約可見體表有很多有顏色的血管，這些都是靜脈。碰觸靜脈絕對感受不到脈搏，因爲它們不會像動脈那樣跳動。

一般來說，在醫院打點滴或抽血時注射的血管是靜脈。雖然有特殊理由會從動脈採血，或是從動脈埋入管線治療，但絕對是靜脈注射的機會占大多數。注射動脈時，醫護人員反而會特別告知「（不是靜脈）要注射動脈」。

相反的，如果沒有特別說要注射動脈或靜脈，那就是「注射靜脈」的意思，因爲從體表安全且容易碰觸到的就是靜脈。

第2章
人爲什麼會生病？

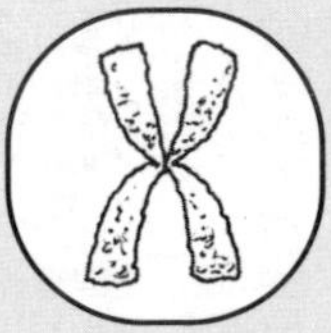

活著本身就是一種病。

所有的人都會因爲這個病而死。

——保羅·莫朗（小説家、外交官）

人爲什麼會死？

死因別死亡率

我們究竟會如何死去？原因當然因人而異，但看看日本的死因統計，可以看出一定的傾向。從圖表左側可以看出以往前幾名的是腸胃炎、結核病、肺炎等傳染症，但隨著時代演進，這些病症顯著減少。

過去傳染病在世界各地都奪走許多性命。傳染病死亡者大幅減少，是因爲抗菌藥物治療有顯著的進步，還有疫苗預防政策普及、衛生環境改善等。若環顧全球，醫療水準較低的發展中國家，死因依然是以傳染病居多。

根據世界衛生組織的調查，低所得國家前十大死因，有半數以上是傳染病❶。前幾名的有肺炎、腸胃炎（腹瀉）、瘧疾、結核病、愛滋病等，而隨著所得增加，前幾名的死因就從傳染病變成心臟疾病（心肌梗塞、心肌病變等心臟疾病）、腦血管疾病（腦中風）、惡性腫瘤（癌症）等。

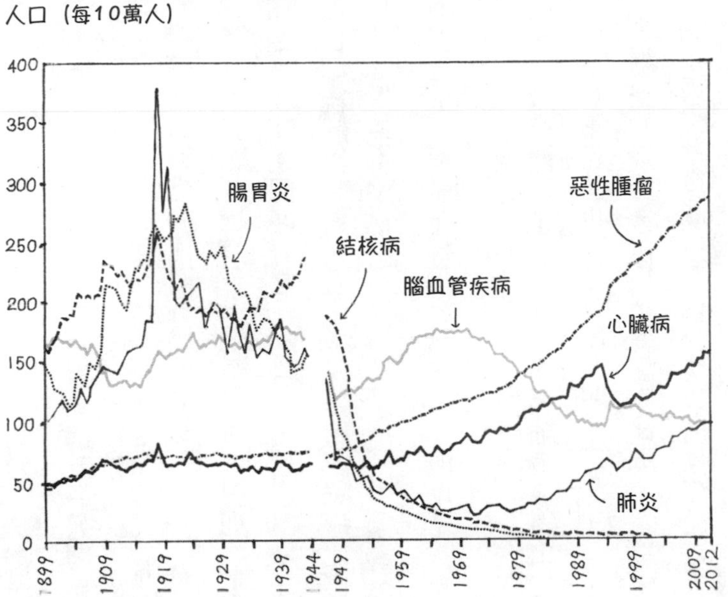

出處：「疫學－肺炎的疫學呈現的真實性？－從死亡率看胸腔醫療的現狀與未來」
日本呼吸器學會誌2(6), 2013

日本的死因別死亡率推移

「癌症死因」增加意想不到的理由

以日本爲例，根據二〇一九年的資料，前五名死因——惡性腫瘤（癌症）、心臟疾病、衰老、腦血管疾病（腦中風）、肺炎的死亡人數占七成，意外事故、腎臟病、阿茲海默症等占比較低的死因各爲一～數％。

一九八〇年代開始占死因首位，至今仍持續增加的是惡性腫瘤，也就是癌症。

癌症現在是占整體死因四分之一的疾病，死亡率攀高最大的理由是高齡化。從年齡別癌症死亡率統計表來看，五十多歲開始因癌症死亡人數慢慢增加，七十多歲以上的更是人數陡然上升。

當然，有些癌症反而是年輕人容易罹患，但以總數來說，癌症壓倒性是「高齡者較多的疾病」。

癌症是因爲基因突變，正常細胞變成癌細胞（癌化）而無秩序的增生，「長年使用過的身體」，細胞自然也較容易出問題。

雖然是不太嚴謹的說法，但是隨著醫療進步，人體變得「長壽」，相對地因爲癌症死亡的比例也增加了。關於「爲什麼以前癌症死亡人數很少？」這個問題，答案就是「還沒得到癌症前，就因爲其他疾病死掉了」。

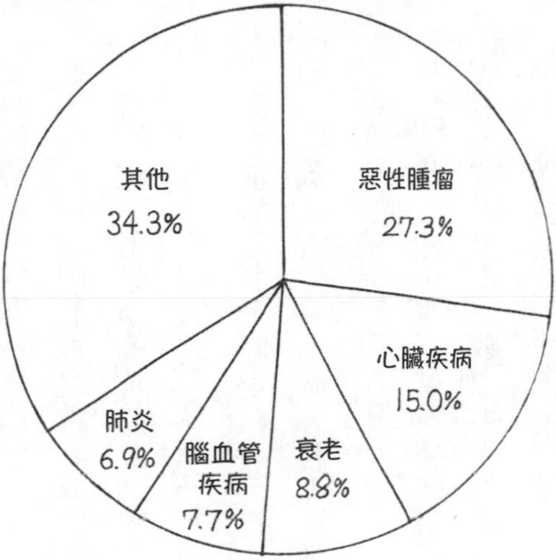

出處：厚生勞動省2019年人口動態統計月報年紀（概數）

主要死因組成比例

此外，對於癌症死亡率增加而有「癌症治療都沒有進步」的指責，這就是誤解了。

因爲高齡化所以高齡者的比例增加，必然的「因癌症死亡」的人數也會增加。以一萬名學生和一萬名養老院住民的癌症死亡比例爲例，相較之下一定是後者比較多。

如果想知道癌症治療是否有進步，一定要把年齡組成拉成一樣來比較，這個時候就是要用「年齡調整死亡率」。看年齡調整死亡率的推移，很容易就會發現癌症死亡率年年減少。

實際上癌症治療近年來有著明顯的進步。抗癌藥推陳出新、手術品質提高、放射線治療、免疫療法等，可以使用的武器愈來愈多。

除了癌症之外，長期占據死因前幾名的是心臟疾病和腦血管疾病（腦中風）。這些疾病的死亡者大部分都有生活習慣病（慢性病，諸如高血壓、糖尿病、脂質異常，如膽固醇或中性脂肪過高等，泛指與生活習慣相關的疾病）。

過去將生活習慣病稱之爲「成人病」，被認爲是隨著年齡增長一定會出現、無法預防的變化。但是由改善飲食習慣及運動習慣、減肥、禁菸等可預防疾病的觀點來看，一九九六年左右就改稱爲「生活習慣病」。

生活習慣病的共通點是沒有自覺症狀，在無聲無息中慢慢傷害身體。高血壓、糖尿病、脂質異常症、抽菸等會加速動脈硬化，給心臟、腦部和血管帶來危害，引起心肌梗塞、腦中風等致命疾病。

當然除此之外，生活習慣病侵害肝臟、腎臟、肺臟等的案例也很多。身體長年累積傷害，經過數年、數十年後，就會演變成重病。

不過生活習慣病的成因不只是生活習慣而已。遺傳、環境等也是生活習慣病發病的重大因子之一，雖然經常有「生病是自作自受」的偏見，但其實疾病的原因並沒有這麼簡單。

一般來說生活習慣病的概念也包含癌症。尤其是抽菸，是會引起各種癌症的生活習慣。罹癌的患者之中，吸菸者男性占三十%，女性占五%；吸菸者的壽命比非吸菸者短八～十年，相當於每抽一根菸，就會減少十一分鐘的壽命❷❸❹。

死亡的最大原因是……

不管有多健康，人年紀大了一定會離世。別忘了，死亡的最大原因是「老化」。目前死因前幾名包含衰老及肺炎，雖然年年增加，但主要的原因都是老化。衰老本身就是老化，而肺炎在高醫療水準的國家中，是造成高齡者死亡的主要疾病（與過去占前幾名的肺炎意義不同）。

這一點從年齡別肺炎死亡率可以看得很清楚。因肺炎死亡者大多是七十多歲以上❺。另一方面，相較於高齡者，年輕人肺炎死亡率壓倒性的低。隨著年齡增加，呼吸器官功能變差，就容易罹患肺炎，再加上罹患肺炎之後如果抵抗力不佳，就更容易致命。

另外，因食物進入氣管而引起的肺炎是吸入性肺炎，也就是原本應該進入食道的食物竟然跑進氣管裡了。如果是年輕人，就會有「咳嗽反射」的生理機制將食物咳出來，也就是所謂的「嗆到」；而老年人因機能衰退，就會因此引起肺炎。

這種因爲吸入性原因造成的肺炎，很多時候難與其他肺炎區分。在這一點上，高齡者肺炎通常被認爲是「高齡」所致。

綜上所述可以粗略歸納，現代人大多的死因是癌症、生活習慣病、老化，以後這種傾向大概也不會有太大的變化。還有死亡率隨著年齡上升會愈來愈高，如果只看死因前幾名，必然只有看到「中高年齡者的死亡原因」，這一點務必要注意。

那麼年輕人的死亡原因又是什麼？查閱十歲～三十歲的死因一覽表，可以注意到全體國民的排名順位沒有反映出來，死因截然不同。

十五歲到三十九歲死因第一名是自殺。在活動力高的年齡，特色就是「意外事故」會進入前幾名，這類型的死因，必須靠社會性的對策來預防。

想回答「人爲什麼會死？」，必須充分理解各個年齡層的特徵再來討論。

不吃東西還能活下去的方法

該攝取多少水分和營養

你昨天吃了多少卡路里的熱量、喝了幾公升的水？

大概沒有人能正確地回答這個問題吧？我們雖然必須不斷攝取營養和水分才能活下去，卻不知道必需的分量，也沒有什麼公式可以決定該吃、喝多少。

「今天水分還不夠二百毫升、熱量還差三百卡路里，那就喝一杯牛奶、吃個麵包再去睡吧。」你應該不會這樣思考吧？

如果身體健康，那渴了就喝，有食欲的時候就吃，也就夠了。不過順應身體的需求去吃喝，滿足所需的營養和水分這種機制乍看之下理所當然，其實卻極其珍貴。

因爲生病而無法從嘴巴進食的人不在少數，例如沒有意識的人、插人工呼吸器的人、食道或腸胃等消化道有疾病的人等。這些人爲了活下去，必須藉由某些形式將水和營養注入身體，否則就會死於脫水或營養失調。

在醫療現場，就會像先前寫的一樣，每天都要計算卡路里和水量。尤其是本人失去意識時，「該攝取多少水分和營養」就必須由他人來計算並加以投餵。且要考量體格和器官的功能、病情，並一邊測量尿量等，才能算出適切的水分和養分。

那麼水分和營養要如何注入體內？

方法大致分爲二種。一是直接注入營養劑（輸液製劑）到血管裡，二是將營養劑注入胃或十二指腸裡。

前者就是所謂的「點滴」。但是從手臂注射的點滴，無法將一日所需的養分全部注射進去，因爲將超過一定濃度的液體注射到手腳的末梢血管裡，會傷到靜脈、造成發炎。

因此通常使用的是「全靜脈營養」的方法。在脖子或鎖骨下方、上臂（手肘以上）等處插入導管（醫療用細管），置於靠近心臟的粗靜脈。使用這種導管就可以注入高卡路里的製劑，能將健康的人靠進食取得的同等量水分與營養，全部用點滴輸入。

但這個方法的缺點，是因爲沒有使用腸道，會造成腸黏膜萎縮、功能低下，與

第1章提到的太空人狀況類似。人體就是這麼容易養成「偷懶的習慣」。所以在醫院裡都會說「能夠用腸就用腸」（If the gut works, use it.），盡可能從消化道輸入營養劑。

從鼻子插入長長的導管，將前端置入胃裡；或是做胃造口，直接輸入營養劑的方法，稱爲「腸道營養」。相較於從血管將營養劑注射到體內，對身體而言，是較爲接近「從嘴巴進食」的模式，只是省略了「咀嚼食物吞下」這一段而已。

當然，如果「腸道無法使用時」就要避開這個方法，例如消化道疾病、嘔吐、嚴重腹瀉等，一般來說會選擇全靜脈營養法。

不管如何，人類現在已經可以完全不從嘴巴進食，也能長期活下去。在治療疾病、等待能再度進食的時間裡，可以繼續延續生命，這眞是非常驚異的醫學進步。

「營養不良」引起的疾病

雖然我提到「只要輸入必要的水分和養分，即使不吃不喝也能活下去」，但並非這麼簡單。舉例來說，假設有一個人，一天要攝取一千五百大卡，那他這一千五百大卡全部靠吃白米，可以維持健康嗎？

撇開「一直吃飯我才受不了」的喜好問題，總覺得「這樣身體好像會搞壞」，是因爲我們隱約認爲偏食一定會造成某些營養素不足。

食物含有微量營養素，如果攝取不足會對健康造成影響的觀念成爲「常識」，是二十世紀以後的事情。這些物質種類繁多，其中最重要的就是維生素。

一九一二年，波蘭的生物化學家卡西米爾·芬克（Casimir Funk），將以往病因不明的「腳氣病」，界定爲由「某種營養素不足」所引起。由於是生存必需（vital）的胺類（amine），所以命名爲「vitamine」，這就是維生素B_1（之後也有發現非胺類的維生素，所以改稱爲vitamin）。

新的維生素陸陸續續被發現，而過去原因不明的各種疾病，也很驚訝的發現是由於「缺乏特定營養素」所致。例如壞血病（缺乏維生素C）、佝僂病（缺乏維生素D）、糙皮病（缺乏色胺酸）、夜盲症（缺乏維生素A）、惡性貧血（缺乏維生素B_{12}）等，有很多疾病的原因是由於維生素缺乏。

維生素不同於三大營養素，並不是熱量，而是維持人體機能正常運作必須的有機化合物的統稱。維生素共有十三種，人體幾乎都無法自行合成，得從食物中攝取。

曾爲日本國民病的「腳氣病」

腳氣病過去在日本盛行到了被稱之爲「國民病」的程度。罹患腳氣病，會因爲神經障礙而造成手腳無力、痲痺，嚴重的話還會危害心臟致死。

江戶時代，隨著白米普及、慢慢取代糙米，腳氣病也開始盛行。稻米的胚芽富含維生素B_1，而白米會去除這個部分；再加上當時缺乏副食品，就使得維生素B_1更加缺乏了。

腳氣病在當時被當作是原因不明的疑難雜症，又因爲大多發生在白米較快普及的江戶地區，所以也被稱爲「江戶病」。

明治時代後，腳氣病流行更加擴大，每年有一～三萬人因此死亡❻。吃著同樣軍糧的軍隊裡，罹患腳氣病身亡的士兵接二連三，已經到了動搖國本的地步，還有軍隊因腳氣病死亡的士兵比打仗受傷的人還多，幾近全軍覆沒。

海軍軍醫高木兼寬很快地發現腳氣病的原因是出在食物，在軍糧裡加入麥飯，海軍的腳氣病就急速減少。有留英經驗的高木醫師注意到英國海軍沒有腳氣病，因此察覺到西式料理是解決的關鍵。

森林太郎

高木兼寬

另一方面，陸軍軍醫森林太郎則堅持腳氣病是因爲感染「腳氣菌」而引起。

當時德國的細菌學很興盛，位居世界翹楚。對從東京大學到德國學習最先進醫學技術的菁英軍醫來說，高木以經驗法則來治療的方式看起來毫無科學根據。

由於麥飯有效的說法不斷擴大，彷彿與之對抗一般，森軍醫對細菌學說更加執著。當時陸軍的軍糧是一天一公斤白米、缺乏副食，而這樣的飲食生活，無疑是提高了腳氣病風險。

結果在中日戰爭中陸軍士兵有四千人以上、日俄戰爭中有二萬七千人以上死於腳氣病。而在中日戰爭中海軍士兵爲零，日俄戰爭僅有三人❼。海軍的人數比陸軍還少，即使把差額減掉，差距還是有天壤之別。

一九一一年，化學家鈴木梅太郎，是世界第一個成功由米糠中萃取出對腳氣病有效物質的人，他將該物質命名爲谷維素，但由於論文是以日文發表，所以並沒有廣爲人知。隔年芬克發現「維生素」，腳氣病爲維生素缺乏症之一終於被認定。

由於有這樣的來龍去脈，所以森林太郎在醫學史上的評價並不高，一般是以森鷗外爲名，作爲日本代表性作家而爲人所熟知。

另一方面，日本較爲傾向研究至上主義的德國醫學，爲了擴大實地接觸患者，進行治療的臨床醫學，高木兼寬在一八八一年成立「成醫會講習所」，也就是東京慈惠會醫科大學的前身。

疾病與健康的界線在哪裡？

這其實是很難回答的問題

所謂的生病，究竟是指什麼樣的狀態？想要回答這個問題，意外地非常困難。

那就舉一個例子來說吧。

細菌是會讓我們生病的微生物，但是並非只要細菌進入體內就算生病。

本來我們的皮膚上就有很多細菌附著，嘴巴裡、腸道中也都充滿了細菌。只有這些細菌引起身體不適時才會被稱爲生病，所以並不會以「有沒有細菌」作爲「生病或健康」的指標。

比如金黃葡萄球菌是導致心內膜炎、關節炎、皮膚感染等各種症狀的微生物，也是造成俗稱「黃水瘡」的皮膚傳染病「傳染性膿痂疹」的病原菌之一。

二〇〇〇年發生的雪印乳業（現爲雪印惠乳業）的乳製品集體中毒事件，超過一萬三千人受害❽，幕後元凶就是製造工廠裡的金黃葡萄菌滋生產生毒素。

二〇一二年，模特兒勞倫．華瑟因爲衛生棉條造成嚴重細菌感染，最後雙腿截肢，原因就是金黃葡萄球菌引起的中毒性休克症候群。

殺傷力如此驚人的金黃葡萄球菌，事實上健康人體也有三成左右體內有此細菌。也就是說它平常就是生存於鼻子裡面、皮膚表面的細菌。

「身體裡有金黃葡萄球菌」並不是生病，所以治療方式並非「根絕金黃球菌」。細菌傳染病的「痊癒」狀態，不一定是「體內完全沒有細菌」，而是「即使有細菌也不會生病的狀態」，就可以說是「痊癒」。「健康還是生病」的界定，比想像中簡單。

病毒傳染病就更加複雜了。有種疾病口唇會起皰疹，被稱爲「唇皰疹」，會伴隨口部腫脹疼痛。致病原因單純就是皰疹病毒。

這種病毒存活於顏面神經節裡，平常可以相安無事，一旦過度疲勞時就會大暴走，引起口唇皰疹。也就是說「體內有皰疹病毒」並不是疾病，這種程度還算是健康，只有在嘴巴周圍出現不舒服的症狀，才會被視爲生病。

同一個病毒群組中，有一種皰疹病毒第六型，會造成突發性發疹。幾乎所有人在小時候都感染過這種病毒，一部分人有突發性發疹，一部分的人沒有症狀。這個病毒會潛藏在體內伴隨一生，連足不出戶的嬰幼兒都會因爲雙親體內就有病毒，所以也會感染。

這種病毒無法斷絕，也沒有必要。只有在出現不適症狀或威脅到生命時，才會視爲「生病」而介入醫療，所以「是不是生病」，是根據治療必要性來判斷。

在檢測新型冠狀病毒感染時，經常會使用PCR，所以很多人認爲PCR檢查結果可以判斷「有沒有生病」，其實並非如此。

例如感染新型冠狀病毒後，如果一陣子後症狀消失，想知道「是不是已經治好」該怎麼做？

發病後七～十天就會失去傳染性❾❿，如果這個時間點沒有任何症狀，因爲沒有不舒服、不會威脅生命，而且也沒有傳染給別人的風險，當然就不是「生病」。

PCR檢查有時會持續二～三週以上都是陽性❾❿，所以PCR檢查得知的是「是否還有殘存的病毒」，而不是「有沒有生病」。

應該視爲生病的是「需要治療、隔離的人」，而不是「檢查結果陽性的人」，但是很多人卻不明白這個概念。要利用高度的醫療設備、診斷技術，依照客觀的指標來判定「是否生病」才有說服力。

是不是「癌症」

「是癌症？不是癌症？」也是個不單純的問題。健康的人體也會不斷製造癌細胞。每天在細胞分裂過程中出現的癌細胞，會被免疫系統處理掉。也就是說「體內有癌細胞」並不代表罹患「癌症」。

癌細胞增生造成周圍的器官被破壞（可預測），會有危害生命之虞，才會被視爲疾病，醫療才會介入。即使是癌症這種看起來「很像疾病的疾病」，與健康之間的界線其實並非那麼清楚。

在解剖死者時，偶然會發現前列腺癌。以比例來說五十歲以上的約占二十%，八十歲以上約占六十%[11,12]。這些前列腺癌，恐怕是沒有不適症狀，也沒有威脅到生命，在還沒被發現的狀況下宿主就已過世。

這種癌症被稱爲「潛伏癌」，因爲進展極爲緩慢，所以生命先結束了也沒有造成危害。

那麼，死後發現有潛伏癌的人，可以說「生前曾經生病」嗎？沒有任何症狀，也沒有影響周圍的器官，亦沒有危害生命，這樣的癌症是生病嗎？

如果是成長速度比生命還要慢的癌症，就沒有必要去診斷了。有癌症是事實，但是生病是「必要時才會被定義」，所以這種癌症很難說是生病。

當然幾乎所有的癌症一般在被發現當下，因為根據各種數據可以高度預測，置之不理有可能喪命，都會被稱為疾病。但是是否需要治療，不用時光機去到未來是不會知道的。

並不是以某種確定的指標來決定「是否生病」，而是人來決定「是不是生病」。

發現「風險因子」

歷史上有一個很有名的「佛拉明罕研究」。自一九四八年起，長期追蹤波士頓郊外佛拉明罕地區五千位以上的男女，研究心血管疾病的危險因子。

當時美國因心肌梗塞等心血管疾病死亡者數量龐大。因傳染病而死亡的人數驟減，但反過來心血管疾病患者卻飛快增加，攀升至死因第一名。當時完全不知道原因，也沒有預防方法，面對這個會動搖國本的國民病，很多人都是束手無策的被奪走生命。

此時美國國家衛生院（NIH）發起的專案就是「佛拉明罕研究」。長期持續調查一個地區的居民，找出「什麼樣的人容易罹患心血管疾病」，是世界首見的大規模研究，美國爲此投入大量的國家資源。

從這個龐大的專案中，逐一發現很多重要的事實。高膽固醇、高血壓、肥胖、糖尿病、吸菸等特定條件的人，比沒有這些症狀的人更容易罹患心血管疾病。而且這些因子如果累積二個以上，心血管疾病發作的可能性激增，之後好幾個流行病學研究都加以證實。

高鹽、高油的速食普及，習慣以汽車代步造成運動不足，再加上肥胖、吸菸率高，相較於當時的美國人，可以說現在的我們理所當然就是「生活習慣病風險大集合」。不過在佛拉明罕研究之前，這些完全不是「理所當然」。

在此時代之後，針對高血壓、脂質異常症、高血糖等風險，研發出很多治療藥物。因爲幾乎沒有症狀，在以往這些不被認爲是疾病的「狀態」，現在則有必要被認定爲「疾病」。

經過無數流行病學研究證實，這些疾病的定義也逐漸被改變。也就是說有關「血壓、膽固醇、血糖等要下降到多少，罹病的可能性才會降到最低」的問題，每年都可以提出準確度更高的答案。

例如一九八七年厚生省（日本現今的厚生勞動省，約相當於台灣的衛福部及勞動部的綜合體）訂定的高血壓標準爲「一八〇／一〇〇」。但是後續標準逐漸變得嚴格，二〇一九年定義的高血壓目標值，未滿七十五歲的是一三〇／八〇，七十五歲以上的是一四〇／九〇（高血壓本身的基準是一四〇／九〇）。

佛拉明罕研究至今仍在持續進行中，新的證據也會不斷出現。當初參與研究的對象，連第二代也加入，現在仍追蹤調查中。

佛拉明罕研究首次提出「危險因子」（risk factor）的概念，是歷史上非常重大的轉捩點。身體經年累月的傷害累積後發病的疾病類型，原因通常不只一個，而是好幾個交互影響。

這種致病的過程，就必須依靠像佛拉明罕研究這樣的流行病學調查。流行病學調查是將「什麼不好」「該怎麼做」以統計學高準確度的方式導出，而疾病的機制可以慢慢再研究。

免疫是區分「自己人」和「非我族類」

二種免疫方法

夏天高溫潮濕，食物馬上就會發霉、餿掉不能食用。如果不使用冰箱，大概家裡很多有機物都會腐敗，飄散惡臭。

在這種環境下，卻有絕對不會腐敗的巨大有機物在家裡，那就是我們的身體。只要健康，我們的身體是不會發霉腐敗。

所謂的腐敗，是微生物分解有機物的生命活動的結果，但爲什麼微生物不會分解我們的身體呢？

當然因爲我們的身體有免疫功能。所謂的免疫，是可以排除入侵身體微生物等異物的能力。免疫系統具備可以分辨「自己人」，然後只針對「非我族類」的物質進行攻擊。

如前所述，我們是與無數的細菌、病毒、眞菌（黴菌的朋友）共存。這些並不會讓我們生病，因爲有免疫力抑制其活動。

免疫系統大致可區分二大方法來應敵。

第一是「自然免疫」。我們的身體天生就具備在最前線直接攻擊（呑噬）入侵者的能力，使之被排拒在體外。擔任此任務的是白血球的一種，稱之爲嗜中性顆粒白血球，亦稱作巨噬細胞。

第二種是「獲得免疫」，會記憶曾遇到的敵人，並練就最有效果的攻擊法。下次遇到相同的敵人，就會使出絕招來殲滅對方。擔任此任務的是淋巴球細胞——T細胞（T淋巴球）、B細胞（B淋巴球）二大類型。

你可以想像成爲了避免被曾經交手過的對手撂倒，而學會正確的記住敵人的眼睛、鼻子等外型。而這個眼睛、鼻子這些敵人的特徵就是「抗原」，是存在於微生物表面的物質。

獲得免疫也有二大戰術。一爲免疫細胞本身與敵人的抗原直接連結攻擊，另一種是製造抗體這種武器，然後結合抗原去攻擊。

抗體是配合敵人抗原的客製化武器。就像是對付蚊子用蚊香、對付蟑螂用殺蟑劑一樣，配合對手的性質，拿出特殊的武器來攻擊，是非常強的機制。

疫苗的機制

自古大家就知道像麻疹、德國麻疹這類型的疾病，「得過一次就不會再得第二次」，這就是前面所提到的獲得免疫作用。

換言之就是「允許敵人攻擊一次」。但是假使對手太強，第一次攻擊可能就會造成致命傷。即使在臨界點剛好存活下來，或許還會留下嚴重的後遺症。

其實有方法可以不用跟敵人交手，就能記住對方外型，並事前備妥武器。即使從來沒有看過蚊子，只要有人正確地告訴他蚊子的特徵，就知道要準備蚊香，這就是疫苗的機制。

將失去毒性的細菌、病毒，或是經過特別處理讓病原性消失，將毒素取出無害化後注射到人體，讓身體記住敵人的特徵。

近期世界上使用的新冠肺炎疫苗中，有一種新型態的「mRNA疫苗」。mRNA是病毒抗原的「設計圖」。免疫的機制是將設計圖注射到人體，然後在體內製造抗原，再針對此抗原產生抗體。

利用免疫機制，讓敵人連攻擊一次的機會都沒有的強力武器，就是疫苗。

過敏的理由

把無害的對象當成敵人

免疫是會攻擊入侵身體異物的優異系統。但是如果會攻擊所有異物，那我們也活不下去，因爲每天三餐都會從嘴巴吃進「異物」。

身體的免疫機制對於從嘴巴進入消化道的「異物」不會做出反應，這就是「口服免疫耐受」。最知名的例子就是漆器工匠爲了防止對漆過敏，所以從小開始就會舔舐漆。「從嘴巴進來的不視爲異物」，藉由口服免疫耐受對漆減敏，抑制皮膚對漆的反應。

而食物在口服免疫耐受運作不順利時，會產生免疫反應，也就是食物過敏。對雞蛋、小麥、蕎麥等所含的物質產生抗體，引起全身各種症狀。

爲什麼口服免疫耐受會運作不順利呢？是什麼契機把本來無害的對象當成敵人呢？近年來發現原因就是「皮膚致敏」。

從以前開始，有異位性皮膚炎的小孩容易食物過敏，這一點大家都知道。以前都認爲是由於「過敏體質」所引起。但是近年來則是認爲皮膚的屛障機能遭到破壞，才容易引起皮膚致敏。

也就是說我們的免疫系統，顯然是對「從嘴巴吃進去的東西」很寬容，但是對「突破皮膚屛障的東西」很嚴格。而食物過敏是因爲周圍環境裡的食物，透過皮膚被植入爲「異物」的記憶而引起。

食物過敏還有很多未解之謎，但隨著研究演進，事情的全貌也慢慢清晰起來。

免疫錯誤反應引起的疾病

過敏，是對本來安全的東西產生過剩的免疫作用。另外也有把自己的身體當成異物，並加以攻擊的疾病，稱爲自體免疫失調。

類風濕性關節炎會攻擊關節滑膜，引發全身性關節炎；第一型糖尿病很多都是因爲胰臟生產胰島素的細胞被攻擊、破壞所導致；橋本氏甲狀腺炎就是甲狀腺被免疫攻擊，引起甲狀腺機能低下症；修格蘭氏症候群主要是淚腺、唾液腺被攻擊，會讓眼睛、嘴巴極度乾燥。

其他還有很多自體免疫疾病，分類也很複雜。雖然在此說明得較爲簡略，但是會引起全身各個器官的障礙，大多是慢性的病程，反反覆覆、時好時壞。這些病都是免疫系統攻擊「自己」引起的疾病。還有其他因免疫錯誤反應引起的事例。比如雖然製造了抗體對付入侵的微生物，但是自己體內卻有與抗原類似的物質。

例如鏈球菌（化膿性鏈球菌的簡稱）會引起喉嚨感染，當鏈球菌引發咽喉炎後，免疫系統會與鏈球菌的抗原結合、產生有特異性的抗體。但諷刺的是，和鏈球菌抗原有相同構造的物質，也存在於我們的關節、心臟、皮膚、神經裡。

咽喉炎發病二～三週之後，這些部位也會遭受到自體免疫攻擊，有時候甚至會引發全身性的嚴疾病——「風濕熱」。雖然病名有「風濕」二字，但是跟類風濕性關節炎完全不同，是好發於孩童的疾病。

其他類似的案例還有很多。有一種神經疾病稱爲格林－巴利症候群，會使手腳的神經麻木、寸步難行，呼吸肌也會麻痺、造成呼吸窘迫的一種疾病。大多會自然復原，但是在呼吸衰竭時，就必須靠人工呼吸器來續命。

格林－巴利症候群的成因還不是很清楚，約有七十％的患者在發病前四週內曾有感染症狀⓭。雖然多數都無法確認感染源是細菌或病毒，但可確定的案例中，最多的是感染曲狀桿菌的食物中毒。

食物中毒大多是吃了生肉或是沒有充分加熱的肉品後發生急性腸胃炎。常見症狀為上吐下瀉、發燒，雖然會自然痊癒，但一千人之中約有一人會引發格林—巴利症候群⓮。

針對曲狀桿菌抗原所製造出來的抗體，與末梢神經類似的物質結合之後，造成免疫系統大肆攻擊。

二〇一九年，在祕魯發生超過二千人集體罹患格林—巴利症候群的事件，日本駐祕魯大使館還特別要大家小心留意⓯。由於當地是茲卡病毒流行地區，大概也是與病毒對抗的抗體所致。

對於免疫系統來說，要區分「自己」和「非自己」意外地困難。不過我們的肉體原本就誕生於自然界，到處都有相似的構造物存在，這是很自然的吧。

癌症與免疫之間的深刻關係

癌症細胞是免疫系統應該要趕盡殺絕的「異物」。如前所述，癌細胞經常在體內生成，每次都會被免疫系統破壞，但是有時癌細胞會避開攻擊並增生，在體內變成大團塊來破壞器官，奪走我們的性命。

癌症是如何避開免疫系統的攻擊？

近年來已了解到一個機制。癌細胞表面有ＰＤ－Ｌ１分子，可以和免疫細胞（Ｔ細胞）表面的ＰＤ－１結合，讓攻擊踩剎車。在此作用下，Ｔ細胞會停止攻擊癌細胞。

二〇一四年，解除此一剎車的藥物——ＰＤ－１抑制劑（Nivolumab，商品名：保疾伏（OPDIVO））問世，可以結合ＰＤ－１阻礙作用、恢復原本的免疫力。還有ＣＴＬＡ－４分子也有相同功效，所以ＣＴＬＡ－４抑制劑（Ipilimumab，商品名：益伏（Yervoy））也應用在臨床。這些藥物統稱為免疫檢查點抑制劑。

從以前開始，就有諸多嘗試利用免疫來治療癌症的方式，但由於效果無法獲得證實，並沒有確立為治療法。在某一些現有化療（抗癌劑）效果不佳的癌症上，免疫檢查點抑制劑卻發揮了極佳的療效，給醫學界帶來很大的衝擊。

一直以來，手術、化學療法、放射性療法並稱為癌症的「三大療法」，而免疫檢查點抑制劑被稱為「第四種癌症療法」。

發現這種機制的，是醫師兼醫學研究學家的本庶佑，他與免疫學家詹姆斯．艾利森（James Allison）於二〇一八年獲得諾貝爾醫學生理學獎。

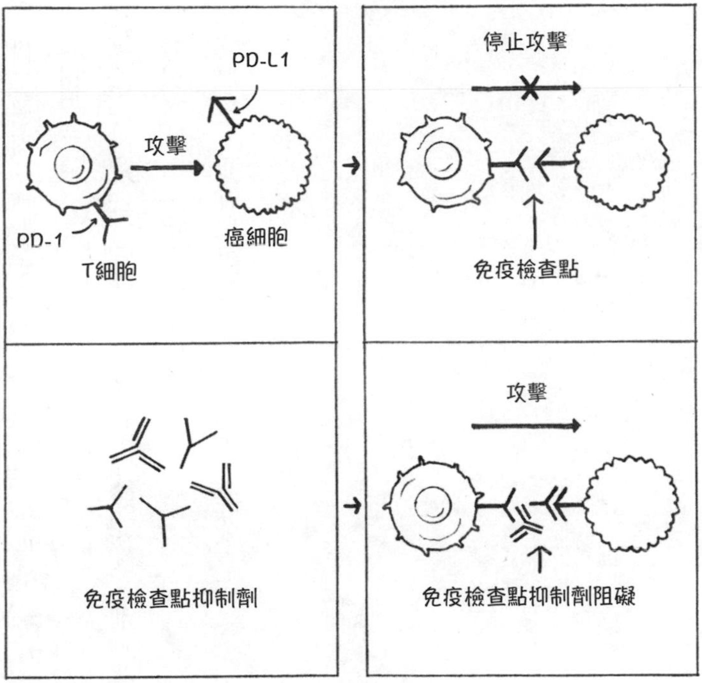

免疫檢查點抑制劑的作用

但是免疫檢查點抑制劑卻有獨特的副作用，如甲狀腺機能低下、第一型糖尿病、肌肉發炎、間質性肺炎等類似自我免疫疾病的症狀，這是因為拿掉「剎車」的同時，也攻擊了「自己」。

學醫後，我深切地感受到「強化了身體某種機能後，別的機能必定會出現漏洞」。不管藥物效果多好，一定會有副作用。

「健康」這種狀態，是在極其微妙的平衡下才能成立。

癌症與基因

會遺傳的癌症

二〇一三年，好萊塢女星安潔莉娜・裘莉為了預防乳癌而切除了雙乳；二年後又為了預防卵巢癌，也做了摘除手術。當時她雖然沒有乳癌也沒有卵巢癌，但因為研判罹癌風險高，因此做了這樣的決定。

從何得知「罹癌風險高」呢？

是因為從基因檢查得知有「遺傳性乳癌和卵巢癌症候群」（HBOC）。主要是由於BRCA基因發生突變（特定的變化），細胞容易癌化致病。

BRCA基因分為BRCA1與BRCA2二種，若有突變的人，到七十歲以前罹患乳癌的機率各為五十七％和四十％；卵癌的罹患機率各為四十％和十八％，算是相當高。另外，罹患乳癌的年齡一般來說有年輕的傾向，而兩側的乳房同時發生的狀況約占三成⑯。

這種基因突變有一定的機率會遺傳，所以遺傳性乳癌和卵巢癌症候群是「遺傳性癌症」之一。

這種類型的疾病還有好幾種。家族性腺瘤性瘜肉症在六十歲前，有百分之百的機率罹患大腸癌⑰。因爲APC基因突變，容易造成大腸黏膜細胞癌症化。爲了預防大腸癌，建議在二十多歲的時候將大腸全數摘除。

此外，林奇綜合症會容易使人罹患大腸癌、子宮癌、卵巢癌、胃癌等。因爲核酸錯配修復基因產生突變，所以導致全身各處細胞容易癌症化。

雖然往往引起誤解，但這種「遺傳性癌症」並不是俗稱的「家族性癌症」。並非家族內罹患癌症者多，就會是特定基因問題的遺傳性疾病。

現今是「二人之中就有一人癌症」的盛行時代，再加上處於長年生活習慣類似，所以家族內有好幾個人罹癌並不罕見。

通常只有當家族病例中發現與遺傳性癌症強烈相關的癌症，才會進行基因檢查。如果有容易罹患癌症的突變基因存在，不只是有血緣關係的人，也會影響本人結婚或就業等私領域，所以必須找專業醫護人員、基因檢測中心等，好好花時間進行充分諮詢、慎重檢查。

身體的設計圖和基因

我們的身體是從受精卵單一細胞開始成形。組成身體的所有細胞，都是由一個受精卵分裂產生。

各種細胞都有製造身體的設計圖。人類的設計圖是由DNA（去氧核醣核酸）的化學物質所組成，儲存了像密碼一般的資訊。

但是看看自己的身體，每一個部位的差異性之大，讓人懷疑「原本是從一個細胞分裂出來」的事實。

眼睛、鼻子、嘴巴、手腳、胃、大腸、肺、心臟等，各自有不同的外觀和功能，因此我們容易誤解，認爲組成這些器官的細胞「各自有不同的設計圖」，也就是眼睛細胞有眼睛專用的設計圖，胃細胞有胃專用的設計圖，但是並非如此。

再次重申，我們組成身體的所有細胞，都是和原始的受精卵有著一模一樣的設計圖（※）。那爲什麼可以發展成有不同功能的器官呢？事實上是因爲每個細胞「設計圖的『參照位置』不同」。

簡單來說，就像身體是一本厚厚的設計圖冊，並訂出「大腸請參照第三章、第三十章、第三百章，其他不需要看」的規則。

這裡的「第三章」「第三十章」「第三百章」等各個章節，有各種「基因」負責。以人類來說，共有二萬二千個篇章。嚴格來說，二萬二千篇章僅有占冊子的數%，剩下的是「前言」「後記」「索引」等輔助頁面（或是不會用到的頁面）。

話題變得有點複雜。不過最重要的是，所有的細胞都有相同的設計圖、同樣的基因，只是根據所處的位置讓必要的基因工作，讓不需要的基因不要工作。細胞中的基因被高度控制，藉由各種開關使其可以有不同的動作。

來自雙親的遺傳基因突變

我們擁有的所有基因，都是來自雙親。因此遺傳性癌症、特定突變基因也是從雙親繼承而來。也就是說突變基因在受精卵成形的時間點就已經存在，必然全身細胞都帶有相同的突變基因。這種突變稱之爲「生殖細胞基因突變」。

※紅血球與血小板沒有核，所以沒有攜帶任何遺傳資訊。而精子、卵子各自攜帶了半套遺傳資訊到下一代，算是例外。

另一方面，將「非遺傳性癌症」切除後檢查其基因，很多時候也可以發現癌症特有的（癌症化跡象）的突變基因。這是局部發生突變造成癌症化，並不是全身細胞都有同樣的突變。這種突變稱爲「體細胞基因突變」。

前者是先天的基因突變，後者是後天發生的基因突變。現在癌症之中大部分都屬於後者，前者的機率很低，也就是說遺傳性癌症，是比較罕見的疾病。

DNA的密碼

DNA是一個大型的酸性物質，被包在細胞核中，這就是爲什麼被稱之爲「核酸」的理由。

DNA呈長鏈狀，由「鹼基」重複組合而成。鹼基有四種類型，各自名爲腺嘌呤 adenine（A）、鳥嘌呤 guanine（G）、胞嘧啶 cytosine（C）、胸腺嘧啶 thymine（T）。這四種物質以各種順序互相連接組成DNA。

即便這樣說明，大概很多人還是很難以意會。那就想像成一列長長的火車好了，有餐車、臥鋪車、座位車、行李車四種車廂，然後有各種串連方式。根據地點不同，排列順序也不一樣，也有五台臥鋪車連在一起的。

以人類的DNA來說，全部共有六十億個車廂。更讓人驚訝的是各種鹼基的AGCT順序變成了密碼，將此轉譯之後可以讓各種蛋白質合成。蛋白質在全身各個部位以多種酵素之姿運作，支撐生命活動。

說的正確一些，不是DNA本身變成密碼，而是另外以RNA的形式複寫，以複寫的RNA爲設計圖來合成蛋白質。由DNA複寫RNA的過程稱爲「轉錄」，而RNA合成蛋白質稱爲「轉譯」。

這種RNA被稱爲mRNA（信使RNA），因爲是乘載了很多DNA密碼的RNA。

爲什麼DNA不直接轉譯，還要經過這麼繁雜的步驟？理由目前還不是很清楚。不過正如認爲生命起源是RNA的「RNA世界學說」所示，RNA與之後合成的蛋白質，自古就有非常緊密的關聯。可以推測後續將DNA作爲遺傳物質的生物，自古就一直採用蛋白質合成系統。

RNA和DNA不同，是以尿嘧啶（U）取代胸腺嘧啶。AGCU排列出來的密碼，是以每三個字母來代表特定的胺基酸。UGU和UGC是半胱胺酸、UGG是色胺酸、UAU和UAC是酪胺酸，這三組被稱爲「編碼」。

胺基酸互相連接，就會產生各種蛋白質。也就是說依照編碼串聯胺基酸，就會產生特定的蛋白質。

此一蛋白質有製造人體、維持機能等各種功用，還有在合成蛋白質時，要從哪裡開始轉譯，到哪裡結束，都是必需的資訊，而這些實際上就由編碼指定。

起始的編碼是AUG、終止的是UGA、UAA、UAG。起始的編碼是指定一種稱爲蛋胺酸的胺基酸。

也就是說轉譯是由蛋胺酸開始。而這是除了少部分例外之外，從微生物類的細菌、黴菌到植物、昆蟲、人類廣泛共通的規則。

爲什麼胺基酸的編碼是三碼？二碼或四碼會有問題嗎？

關於這個問題，有個美好合理的答案。胺基酸全部有二十種，能夠涵蓋所有而又最少字數的就是三碼。如果只有二碼，那只有四×四＝十六種編碼，無法涵蓋所有胺基酸。

另一方面，四碼的話就變成可以排列組合出二百五十六種編碼，又太多。三碼的話則有六四種組合（四×四×四），所有的胺基酸都可以涵蓋到。

長鏈狀的DNA並不是就這樣輕飄飄的浮在細胞核中。首先是二條長鏈重疊呈螺旋結構，然後被組蛋白裹起來形成基本單位的核小體，使其相連的染色質纖維製

U		C		A		G		
UUU	苯丙氨酸	UCU	絲氨酸	UAU	酪氨酸	UGU	半胱氨酸	U
UUC		UCC		UAC		UGC		C
UUA	亮氨酸	UCA		UAA	終止	UGA	終止	A
UUG		UCG		UAG		UGG	色氨酸	G
CUU	亮氨酸	CCU	脯氨酸	CAU	組氨酸	CGU	精氨酸	U
CUC		CCC		CAC		CGC		C
CUA		CCA		CAA	谷氨酰胺	CGA		A
CUG		CCG		CAG		CGG		G
AUU	異亮氨酸	ACU	蘇氨酸	AAU	天冬酰胺	AGU	絲氨酸	U
AUC		ACC		AAC		AGC		C
AUA		ACA		AAA	賴氨酸	AGA	精氨酸	A
AUG	蛋氨酸·起始	ACG		AAG		AGG		G
GUU	纈氨酸	GCU	丙氨酸	GAU	天冬氨酸	GGU	甘氨酸	U
GUC		GCC		GAC		GGC		C
GUA		GCA		GAA	谷氨酸	GGA		A
GUG		GCG		GAG		GGG		G

胺基酸編碼表（密碼）

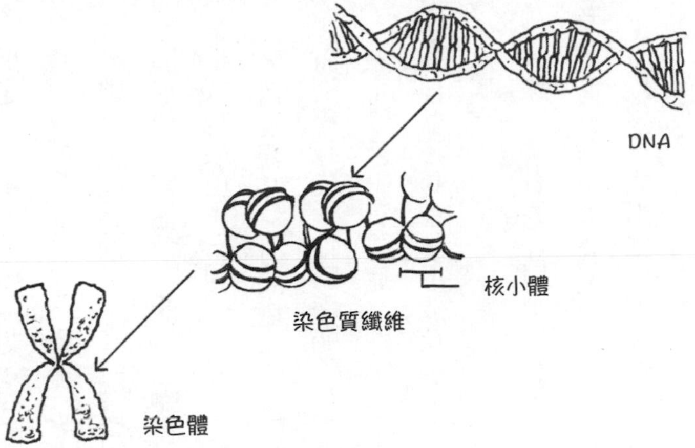

DNA是摺疊狀

作成十奈米的長鏈。染色質纖維折疊後成爲染色體，再存於細胞核內。

這種結構用書寫的方式很難懂，看圖片就一目瞭然了。依照DNA↓核小體↓染色質纖維↓染色體的順序，就像細細的線變成毛線再編織起來。人類有四十六條染色體，基因各自分別存在各染色體上。

我們從父母親各得到二十三條染色體，這些都是成雙成對，自己的染色體有一半也會傳承給孩子。而生物學上男女的差異，就在於第二十三號「性染色體」。

男性爲X染色體及Y染色體，女性爲二條X染色體，也就是說父親爲XY，母親爲XX，孩子可能會是

「XY」或「XX」。基於這個簡單的原因，生男生女的機率是一樣的。

順道一提，有些疾病是多一條染色體，也就是全部有四十七條染色體，稱之爲「染色體三體症」。

最常發生的是第二十一號染色體多一條，稱爲「唐氏症」（第二十一號染色體三體症）。其他較多的是巴陶氏症（第十三號染色體三體症）、愛德華氏症候群（第十八號染色體三體症）。

來自雙親某一方的染色體剛好沒有完整分裂成一半，孩子得到了二十四條染色體，就會導致先天性的疾病。

除了染色體三體症之外，「染色體異常」在二十三對染色體任何一對都有可能發生，但並不是都會形成疾病。由於幾乎是死產、流產，無法出生，所以不被定義爲「疾病」。

實際上所有的妊娠中，七十～八十%主要是因爲染色體異常等原因，在還沒注意到的時候就流產告終[18]。

所以孩子能出生，本身就是一個奇蹟。

父親

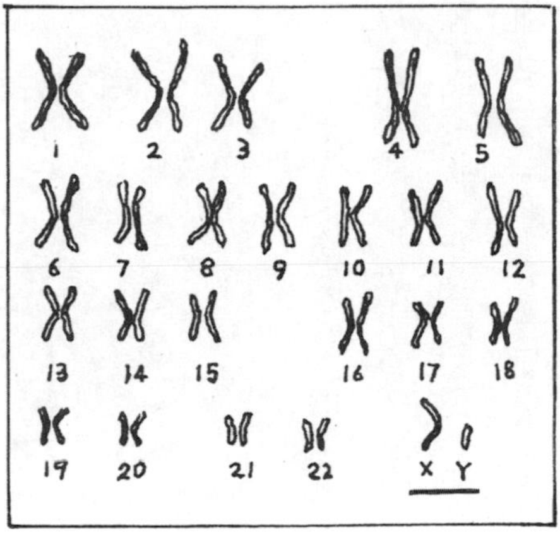

母親

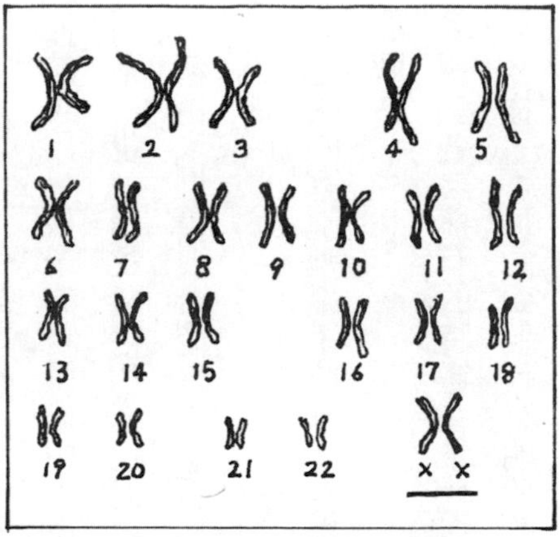

人類有46條染色體

發現基因「概念」的偉人們

親子之間眼睛、鼻子相似、體格相仿，這些自古以來，都被認爲是天經地義的。

以前認爲，孩子的特徵是由父母混合後塑造而來，也就是說藍色和紅色混合後，就變成了紫色。均等混合後會產生新的特徵，大概是這樣的概念。

格雷戈爾・孟德爾
（Gregor Mendel）

一八六六年，澳洲的修道士孟德爾，在修道院的庭園裡種了將近三萬株豌豆，並加以交配，成爲世界上首次發現遺傳學眞理的人。

種子的形狀、花朵的顏色、植株的高度，親代各自擁有的特徵在子代繼承的時候，並不是混合取其中。而是像某種「粒子」一樣，可以看到親代有明確的單元被子代繼承，而且單元並沒有變化。

這種「粒子」的組合決定了豌豆的特徵，繼承是有數學性的法則存在。之後這個法則被稱爲「孟德爾法則」，是極爲重要的發現，但是當時完全無法理解這個學說，甚至是嗤之以鼻。

一八八四年，孟德爾在成就沒有被認同的狀況下離世，他堅信不移的「粒子」概念，就是後世所稱的「基因」。

一九〇〇年，有三位植物學家——荷蘭的德佛里斯（Hugo Marie de Vries）、德國的科倫斯（Carl Erich Correns）、澳洲的切爾馬克（Erich von Tschermak-Seysenegg），獨立發表了遺傳學至關重要的法則性。不過此一法則其實在約半世紀之前，就已經被孟德爾發現並發表過。埋沒在歷史洪流中的孟德爾法則，這個時候被「重新發現」。

那麼究竟「基因」實際上是以什麼形態存在於體內？

答案在一九一五年才被揭曉，發現了染色體，並了解其爲運送遺傳資訊的物質。使用黑腹蒼蠅證實此事的摩根（Thomas Hunt Morgan），獲得了一九三三年諾貝爾醫學生理學獎。

染色體是由蛋白質和ＤＮＡ所組成，在一九二〇年獲得證明，但是當時還沒有完全了解ＤＮＡ的構造。

一九五三年，劍橋大學科學家詹姆斯．華生及佛朗西斯．克里克，參考了物理學家莫里斯．威爾金斯及化學家羅莎琳．富蘭克林（Rosalind Elsie Franklin）拍攝的X光照片，定位了DNA的雙股螺旋結構。

一九六一年，美國國家衛生研究院的研究小組，首次發現苯丙氨酸的編碼是「UUU」。由此做爲起點，解開了所有編碼和胺基酸之間的關係。這個時候人類首次解讀了組成生命體的密碼。

一九六二年華生、克里克、威爾金斯因爲解析DNA結構的成就，獲得諾貝爾醫學生理學獎。

一九六八年，破解遺傳密碼與蛋白質合成作用讓馬歇爾・沃倫・尼倫伯格（Marshall Warren Nirenberg）、羅伯特・威廉・霍利（Robert William Holley）、哈爾・葛賓・科拉納（Har Gobind Khorana）獲得諾貝爾醫學生理學獎。

行文至此，一連串的發現，都是在二十世紀的數十年之間。

「孩子像父母」這樣的事實，變成可以用物理、化學說明的現象。這種流程沒有任何超自然作用介入，只是唯美、秩序的科學性存在。

詹姆斯・華生
（James Dewey Watson）

莫里斯・威爾金斯
（Maurice Hugh Frederick Wilkins）

佛朗西斯・克里克
（Francis Harry Compton Crick）

微米世界發生的「進化」

達爾文驚人的慧眼

長頸鹿的脖子爲什麼那麼長？

以前認爲是因爲想要吃高處的葉子，所以脖子才會變長。在進化過程中脖子拚命伸長，爲了達成目的脖子慢慢變長——這種「用進廢退」的理論，現在已證實是錯誤的。

激烈的鍛鍊能讓肌肉發達，但是並不會因此生下肌肉發達的孩子；利用整形手術隆鼻，也不會生出高鼻子的孩子。會遺傳給孩子的，原則上只有寫在DNA的遺傳資訊而已（※）。但是能這樣說明，是遺傳學已然進步的二十世紀以後。

一八五九年，英國地質學家達爾文首次提出「物競天擇說」。生存競爭的結果，最適應環境的物種會留存，而不適應的會被淘汰。

也就是說長頸鹿脖子並不是有「目的」的長長。完全是偶然生出了一隻脖子比較長的長頸鹿，比其他同類生存更有利，所以存活的機率更高。

脖子愈長，就不用跟其他動物去搶低處的樹葉。經年累月之後，長脖子的基因被保存，短脖子的基因被淘汰，更適應環境的特徵就是「物競天擇」。（「長頸鹿的脖子」經常用於說明物競天擇理論，但這只是較爲容易理解的例子，並不是實際有特定的基因發生這樣的現象）。

生活在現代的我們，對於達爾文驚人的慧眼是如何看待的呢？

想要明確的預見漫長的進化過程，是非常困難的事。我們最多也只能活八十年左右，雖然有下一代出生，但是以年爲單位的去觀察動物，察覺「進化」是不可能的事。

查爾斯・達爾文
（Charles Darwin）

但是我們的體內，有以分鐘爲單位產出下一個世代、在「可觀察」的範圍內達成進化的生物存在，例如細菌。

大腸桿菌約二十分鐘就會呈倍數生長，二小時就變成六十四倍。如果這個空間繼續增加下去，一天就會膨脹爲二的N次方的巨大數量。

濫用抗生素會導致各種抗藥性的細菌出現，但是細菌並非以對抗抗生素爲「目的」進化。而是偶然的基因突變下獲得抗藥性的細菌，被自然選擇。

癌症也一樣。雖然抗癌劑可以讓癌症暫時縮小，但卻很難完全消失，某個時間點之後抗癌劑會失去功效，癌細胞再度長大。

到底癌細胞裡發生了什麼事？調查癌細胞的基因，會發現驚人的事實——裡面早就被置換成具有可逃離特定抗癌劑機制、獲得抗藥性的癌細胞。

偶然產生的抗藥性細胞被抗癌劑自然選擇，取得多數優勢，而這種抗藥性機制非常多樣化，狡猾的程度會讓人不寒而慄。

揭露了抗藥性機制，並以此研發出標靶抗癌藥物，然後又再次出現具有抗藥性的細胞。雖然近年來癌症治療技術一日千里，抗癌劑如雨後春筍般增加，但是卻是落入幾近「無限循環」的戰鬥史。

※近年來發現基因會受到環境因子影響，且此影響會被傳承給次世代，這稱為「表關遺傳」。雖然是有限定，但後天獲得的性質不會遺傳的說法，也不一定正確。

像這樣窺看微米的世界，就可以清楚的觀察到「物競天擇」，以絕佳的速度產出次世代的生物，也在極短的時間進行演化的過程。

生病變成「優勢」

鐮刀型紅血球疾病是一種遺傳疾病，是由於某個基因突變，造成圓盤狀的紅血球變成鐮刀狀。

紅血球的成分是血紅素，構造是像鎖鏈般細長的二種物質，互相纏繞在一起，稱之爲 α 球蛋白鏈和 β 球蛋白鏈。

鐮刀型紅血球疾病，構成 β 球蛋白鏈的一百四十六個胺基酸中，第六號的編碼由「GAG」變成「GTG」（發生基因突變），使得谷氨酸被替換成纈氨酸（此基因出現在第十一號染色體）。

密碼子（codon）如前所述，是胺基酸密碼。谷氨酸、纈氨酸雖然都是很多食物會有的營養素，但性質和構造完全不同，所以僅有一個胺基酸被替換掉，血紅素就發生異常，紅血球的形狀產生變化。

鐮刀型紅血球容易損壞，有時候會引起嚴重的貧血，也可能會塞在微血管裡引起梗塞，對器官造成各種問題。

只是從雙親遺傳的基因，一組來自父親，一組來自母親，如果有一方的基因正常就不太會有這樣的症狀（這種狀態稱爲「雜合子」）。

另一方面，萬一遺傳的二組基因都有突變（這種狀態稱爲「純合子」），無法製造正常的血紅素，會引起重症。

不可思議的是有此基因突變的人，有地域性的分布，黑色人種的非洲人約三十％有此基因突變⓲。明明是對生存不利的基因，爲什麼會有這麼高的保存率？

理由就是瘧疾的流行。瘧疾是由瘧原蟲所引起的傳染病，是經由瘧蚊爲媒介傳染。瘧原蟲感染人類之後，會寄生在紅血球裡生長，引起高燒和腹瀉。其中又以「熱帶瘧」最爲嚴重，會侵襲腦、腎臟，如果沒有適當治療就會死亡。

但是鐮刀型紅血球症的異常紅血球因爲容易損壞，所以瘧原蟲入侵後紅血球馬上就被破壞，原蟲無法繼續繁殖。鐮刀型紅血球症不容易罹患瘧疾這一點，在瘧疾流行的地區，對「健康」是比較有利的。

在瘧疾流行地區，有突變基因反有利於生存，所以突變被保留的機率很高，這才是因環境造成基因物競天擇的最好實例。

第3章
大發現的醫學史

所有的細胞都是來自另一個細胞。

——魯道夫·菲爾紹（醫師、病理學家）

醫學的濫觴

醫神的蛇杖

你知道世界衛生組織的標誌嗎？在象徵聯合國的圖徽中央，大大畫著一條蛇纏繞於上的手杖。這支手杖稱爲「阿斯克勒庇俄斯（Aesculapius）之杖」，自古以來就是廣泛爲世界所用的醫療象徵標誌。

阿斯克勒庇俄斯是希臘神話中的醫神。我們現代享受的醫學成果的根基，就源於古希臘。在公元前五世紀的古希臘，阿斯克勒庇俄斯神廟是治療病人的醫療設施。在這個時期誕生於希臘，至今仍被尊爲「醫學之父」的名醫，就是希波克拉底。

希波克拉底及其學生們共同撰寫了《希波克拉底文集》，是一本超過七十篇資料集結而成的醫學書。當中有一篇陳述醫師的知識、保密義務、倫理觀的「希波克拉底誓詞」，是醫學院學生會在課本裡讀到，且國家考試也會出題的重要題目。雖

阿斯克勒庇俄斯之杖

然是二千年以前的內容，至今仍為醫學教育所沿用。

希波克拉底的偉大成就當然不僅於此。當時很多人都認為疾病要用神靈附體，也就是所謂的魔法治療，但是希波克拉底卻倡導仔細觀察患者的重要性。患者的脈搏、呼吸、皮膚的狀態、尿液、糞便等，非常熱心地記錄了很多資訊，彙整成病例集。

當時的治療法，有飲食、入浴、運動等生活習慣的改善，使用藥草等，後輩的醫師們就可以參照紀錄，活用於治療上。可以說希波克拉底製作了世界上最古老的醫療資料庫。

希波克拉底認為四種「體液」不平衡會引起疾病。這些「體液」分別稱為血液、黃疸汁、黑膽汁、黏液。

人的身體由這些體液組成，各有功能。現在已經沒有黃疸汁、黑膽汁的說法，這只是一個架空的理論，但是「體液學說」被深信不疑了將近二千年。

希波克拉底
（Hippocrates）

例如以往是被稱爲「melancholia」的憂鬱症，語源就是來自希臘語黑（melas）與膽汁（khole），應該是認爲病因爲黑膽汁而命名；還有「風濕病」（rheumatism）的語源是希臘語「流動」（rheuma），也是考慮到體液流動停滯引起關節腫脹而有此名。

直到十九世紀左右很盛行的放血，也是基於四體液說發展而來。當時認爲這種讓血液流出來的治療法：將多餘的血液排出體外後，可以改善體液平衡、治療百病。

綜觀醫療史，放血療法長久以來都很受歡迎。從靜脈劃一刀讓血流出來，或是用長得像蚯蚓的吸血動物——水蛭放在身上吸血，藉此幫患者移除血液的治療非常稀鬆平常。十九世紀左右開始，醫師們甚至爲了幫患者放血，會準備一大盆水蛭。

水蛭的英文是「leech」，也有「醫治」的意思，甚至成爲「醫師」的俗稱，可見得水蛭放血長時間受到喜愛。

醫師之王蓋倫

繼希波克拉底之後，對西方醫學有著莫大影響的人物，就是活躍於二世紀古羅馬的蓋倫。蓋倫將希波克拉底的教導發揚光大，收集了古文獻構築了龐大的理論，是中世紀的「醫師之王」。

在當時因宗教的理由禁止解剖人體，所以蓋倫是反覆解剖猿猴和豬等動物。他切斷各個不同部位的脊髓，藉此研究神經控制的範圍、將連接腎臟和膀胱的管路（輸尿管）打結，證實尿液是來自腎臟等，彙整了各種新發現。蓋倫在調整四種體液均衡上更重視放血，再加上藥草治療、瀉藥、手術等，總結了多種治療法。

蓋倫
（Claudius Galenus）

蓋倫的著作據說高達五百～一千萬字，其學說結合了基督教的教義，成爲無可侵犯的理論。當然蓋倫奠基於解剖動物的理論，有很多錯誤之處。但是由於太過權威，以至於沒有人能夠提出異議。

有時候也會說蓋倫讓醫學進步延遲了千年以上，背後的原委就是如此。

解剖學巨匠維薩里

自古羅馬時代以來長期禁止人體解剖，到了文藝復興時代，才在以證實蓋倫理論正確性的條件下被允許進行。即便觀察到與蓋倫理論不一致之處，也會認為蓋倫才正確——觀察者對人體有著這樣「錯誤」的認知。

在這樣的時代讓解剖學有長足進步的，是十六世紀的醫師維薩里（Andreas Vesalius）。維薩里渴望得到正確的解剖學知識，於是鬼迷心竅地來回於墳場和絞刑場，收集了大量的屍體、親自解剖。

如此這般地維薩里完成了超過七百頁的解剖學巨著《人體的構造》（*De humani corporis fabrica*），印刷術的發達也成了推手，瞬間推廣到整個歐洲。

此書在深入思考權威古典之際，更重視人體本身的觀察，如實地呈現現象，將科學的基本程序適用於「人體」上。

血液在循環

哈維的實驗

我們知道血液會循環，而且理所當然，就像公園裡源源不絕往上湧的噴水池一樣，血液也在體內的密閉空間裡不斷循環，這在現代是常識。

但是這個看起來很簡單的事實，在十七世紀前大家卻是一無所知。

雖然希波克拉底已經注意到動脈和靜脈的存在，但他認爲兩者是分屬於不同體系，靜脈裡流的是血液，而動脈裡流的是空氣。因爲解剖的遺體中，靜脈充滿血液，但是動脈收縮、血液被排出，大部分都空空如也。

另一方面，古羅馬的蓋倫認爲血液是由肝臟製造，透過靜脈流經全身，塡滿並讓各個器官使用。而動脈的血液是由心臟製造，會吸取空氣中的生命精氣（稱爲普紐瑪）（pneuma），然後分配全身提供活力。

蓋倫的理論在往後超過千年漫長時光，都被深信不疑。

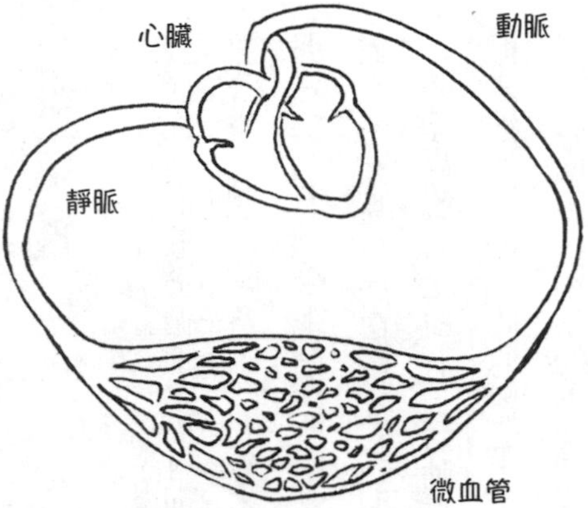

動脈和靜脈靠微血管連接

在沒有全身麻醉、超音波檢查、X光檢查的時代，是無法窺看活生生的人體內部。手腳的動脈與靜脈中的血液呈反方向流動，回到心臟的血液會再度被送出，這些都無從觀察。

即使切開動物的血管，也只會看到血從靜脈的傷口慢慢流出來，而在動脈的傷口血卻是大量地湧出。血液的流向大不相同，不是這麼容易可以察覺到的。

一六二〇年代，英國醫師威廉・哈維（William Harvey）對以往大家奉爲圭臬的蓋倫理論感到懷疑，進行了各種實驗。歷經二十餘年，解剖了六十種以上的動物，仔細觀察心臟和血管。

哈維估算心收縮一次所送出血液的

量，再乘上心跳次數，計算出一天大約會送出二百四十五公斤的血液到全身，是體重的三倍以上。

當然，體內不可能生成這麼多的血量，那為什麼會有這麼多的血液被送出去呢？答案只有一個，那就是同樣的血液是在體內循環。

一六二八年，哈維發表了血液循環理論，首次否定了蓋倫的理論。哈維更進一步認爲血液循環的理由，是爲了將熱量與養分分配到全身，但他怎麼都無法解開「動脈和靜脈究竟如何連接」的謎團。

如果血液會循環，從心臟出去的動脈和回到心臟的靜脈，必然是有所連接。可惜的是哈維在還沒有親眼見證的狀況下就與世長辭。

靜脈和動脈之間連接的血管，是靠肉眼看不見的。

醫學界的革命

約三十年後的一六六一年，義大利醫師馬爾切羅．馬爾皮吉（Marcello Malpighi），用顯微鏡發現了微血管。

動脈和靜脈並不是直接連接，身體各個器官分布著細到肉眼也看不到的微血管，在進行氧氣和二氧化碳的交換後回到靜脈，這是因顯微鏡的發明才首次了解到的真實狀況。

從此以後，顯微鏡在醫學界掀起巨大革命。尤其重要的是發現「肉眼看不到的生物」的存在。對人類威脅最大的傳染病之謎，隨著顯微鏡的發明，漸漸揭開其神秘面紗。

顯微鏡的發明與傳染病的原因

顯微鏡揭曉的世界

直到十六世紀後半、顯微鏡發明之前，人們對於看不見的東西就認爲「不存在」。細菌、病毒、寄生蟲之類的微生物，血液裡面的白血球、紅血球、微血管這樣的纖細血管，因爲肉眼不可見，所以完全不知道其存在。

英國學者羅伯特．虎克（Robert Hooke），用自製的顯微鏡仔細觀察昆蟲和植物並記錄，在一六六五年出版「顯微術」一書。書中提到自己用顯微鏡觀察軟木塞，看到很多小洞，看起來很像修道士住的簡樸單人房，虎克就將這些小孔命名爲「cell」（細胞），即「小房間」的意思。

這是生物學上極爲重大的發現。之後發現不只是單純的「房間」，而是組成生物的最小「單位」。

後續還有一位意想不到的人物爲生物學帶來飛躍進步。他就是荷蘭布商雷文霍克。

雷文霍克爲了要確認布料的針腳和織布的絲線，經常使用放大鏡。他對鏡片非常講究，自己做了五百個以上的鏡片，其中有可以放大到兩百七十倍的鏡片。用這些鏡片觀察水滴時，所看到的世界讓他驚奇——那裡有無數肉眼看不見的「微小動物」。

安東尼・范・雷文霍克
（Antonie van Leeuwenhoek）

雷文霍克進一步觀察人體，首次發現肉眼看不見的血球、精子、嘴巴裡的微小動物（之後被稱爲細菌）。而且這些微生物不只是「小」而已，也是當時奪去很多性命的「傳染病病因」。但這些要到十九世紀後半才被揭曉，此前雖然知道疾病會傳染，但是並沒有人發現是微生物所造成。

十八世紀以前的瘴氣說

十八世紀以前，很多科學家都認爲傳染病的病因是「瘴氣」。所謂的瘴氣，就是「有毒的空氣」。腐敗的東西會產生有毒的氣體，造成很多疾病流行，「瘧疾」

診療黑死病的醫師

（malaria）的語源就是來自義大利文的「髒空氣」（mal aria），也是「瘴氣說」的遺跡。

過去好幾個世紀在歐洲、亞洲大流行的黑死病，是致死率高達八十％的恐怖疾病。當然，現在我們知道是因爲鼠疫桿菌造成感染，但當時的醫師們怕自己也被感染，就戴著奇怪鳥嘴的面具來診療患者。鳥嘴的部分塞滿了大量的香料，這也是爲了防止被瘴氣影響的想法。

發現微生物是致病原因，是十九世紀後半的事情，而抗生素的研發是二十世紀以後。在這之前，我們既不了解疾病的根本原因，也沒有特效藥。

對於生活在現代的我們來說，細菌

和病毒是會引起疾病的恐怖存在。但是就十八世紀以前的人來說；有眼睛看不見的生物跑進體內繁殖增生、還會引起疾病的說法，一定會被認為荒唐無稽。

在那樣的時代背景之下，有位醫師對瘴氣說唱反調——他就是英國的約翰・斯諾（John Snow）。

一八四九年，霍亂在倫敦大流行，斯諾想要詳細的調查原因。霍亂是會嚴重上吐下瀉的疾病，以現在的說法就是「急性腸胃炎」。

斯諾認為如果是空氣有問題，那應該肺會有症狀，而霍亂都是腸胃症狀。從這一點看來，斯諾覺得致病的原因應該是從嘴巴吃進了什麼，然後在腸胃裡引起異常。

了解霍亂是經由糞便和嘔吐物傳播的細菌傳染病，是四十年後的事了。所以雖然斯諾當時幾乎是完全正解，但是當時瘴氣說是顯學，於是他的報告就被醫學界噤聲了。

一八五四年，霍亂再度流行，斯諾仔細將感染者所在地點標示在城鎮的地圖上，也因此發現傳染者很不自然的集中於博德街（Broad Street）周邊，而中心區就是居民使用的水泵，所以他立刻明白水泵的水就是疾病的原因。

斯諾將水泵的手柄拆掉，大家無法取水之後，傳染者大幅下降，霍亂三天後就平息。之後調查發現是排泄物洩漏到博德街的水井，汙染了水源。

但是大眾持續無視斯諾指出霍亂的病因是水源，結果霍亂依舊定期流行。下水道設備遲遲無法改善，斯諾的建議無法反映在公共衛生上。

醫學界果然還是無法捨棄瘴氣說，類似的狀況也發生在維也納。

世界首位展現洗手效果的婦產科醫師

「洗手」對於生活在現代的我們來說是毫無疑義的習慣。當然雙手碰到泥巴或是排泄物要洗，即使沒有肉眼看得到的「髒汙」一樣要洗手。

爲什麼呢？

因爲有看不見的微生物附著，我們知道這些就是可能會讓人生病的原因。但在十八世紀以前沒有這樣的知識，因此也沒有「洗手」這種常識。

首次展示洗手效果的，是匈牙利婦產科醫師伊格納茲．塞麥爾維斯（Ignaz Philipp Semmelweis）。十九世紀初塞麥爾維斯在維也納醫院工作，對於產婦的產褥熱相當煩惱。

雖然現在知道產褥熱是生產時細菌進入陰道或子宮引起感染，但當時根本沒有這種知識。

塞麥爾維斯發現自己所屬的第一病房樓相較於第二病房樓，產褥熱發生的比率高很多。這兩棟病房樓有相當大的差異，第一病房樓會診的是醫師和醫學院學生，第二病房樓是助產士。

醫師或醫學院學生經常解剖屍體，而助產士是不會參加解剖，因此塞麥爾維斯認爲可能是屍體汙染了醫師或醫學院學生的手，附著了會導致產褥熱的「某種東西」。塞麥爾維斯覺得應該要把經由屍體附著在手上的某種物質洗掉。

一八四七年開始，塞麥爾維斯要求進入產房的工作人員，都要用含有氯水的消毒液清洗雙手，之後產褥熱的死亡率就大幅降低。這個研究引起正反意見激烈討論，尤其是婦產科權威更加以嘲諷批判。

原因是當時瘴氣說十分有力，再加上「醫師本身引起疾病」的指控，讓大家無法接受。

一八四九年塞麥爾維斯離開維也納，之後寫了一本關於產褥熱原因及如何預防的書，但仍然沒有受到認同。一八六五年，他因精神疾病發作而進入精神病院，爾後以四十七歲的壯年離世。

當時的醫師穿著弄髒的衣服，也不會每個患者都更換器具，在（以現今的標準來看）極度不乾淨的狀況下進行治療。塞麥爾維斯的理論雖然極爲正確，但是卻不被當代所接受。其成就要受到認同、手術時會消毒，是一八七〇年代以後的事。

顯微鏡首次讓肉眼看不見的微米世界曝光，但是要人類接受那就是致病的原因，還需要很長的時間。不幸的是世界上首次找到眞理的天才們，成就往往不被認同，在這期間繼續有很多人喪命。

所有的細胞都來自細胞

病理學家的慧眼

世上的動物、植物都是「細胞的集團」。我們的身體是由細胞組合而成，數量達三十七兆個。

細胞是生物組成的基本單位，而開始倡導「細胞學說」，是十九世紀的事。一八三〇年代由馬蒂亞斯·雅各布·許萊登（Mathias Jakob Schleiden）發現植物細胞，而泰奧多爾·許旺（Theodor Schwann）則發現動物細胞。

細胞繁殖，然後聚集再一起製造出各種組織，形成我們的身體。對當時的科學家而言，這個事實太具有衝擊性。

如果細胞是人體的組成單位，那生病的時候細胞應該會有變化吧？敏銳慧眼證明此事的是病理學家菲爾紹。

在現代的醫療現場，用顯微鏡觀察細胞的樣子來診斷疾病，是稀鬆平常的事，在醫院進行此工作的是病理學醫師。

如果你的胃有潰瘍，內科醫師會用胃鏡刮取一部分的胃組織，病理學醫師用顯微鏡觀察，診斷是否爲胃癌。外科醫師進行手術摘除有病變的部位，然後再將其切片，病理學醫師用顯微鏡觀察病因，這些在現今醫院看起來理所當然的流程，是以往科學家想像不到的未來。

用「細胞的病理變化」來說明病情的菲爾紹，是極爲嶄新的發想。當時有一種名爲「血液化膿症」的原因不明疾病。這個一旦發病短時間內就會喪命的可怕疾病，用顯微鏡來診斷時，可以看到血液中突然暴增的異常白血球。

魯道夫・菲爾紹
（Rudolf Ludwig Karl Virchow）

身體並沒有化膿受傷，但白血球還是異常暴增的疾病該如何命名？菲紹爾選用了希臘語的「leukos」（白），命名爲「leukemia」（白血病）。病名極爲簡潔且精確的表現了疾病的實際狀況，現在仍是血癌的別名。

菲爾紹的細胞說留下的「所有的細胞源自另一個細胞」，對於後世的生物學和醫學都有莫大的影響。

根深柢固的無生源論

把吃過的麵包放在廚房，不用一個星期大概就會發霉。黴菌這種生物，乍看之下好像憑空而來，但我們知道實際上並非如此。肉眼看不到的微小黴菌一開始就附著在麵包表面，或是哪邊乘風而來附著其上，然後繁殖到「眼睛看得到的尺寸」。

昆蟲的屍體也在不知不覺間長出了蛆，棉被也不知道什麼時候就出現了讓身體搔癢的跳蚤……這一切都是「來自某個地方並在此繁殖」。

但是在科學史上，這是非常新的知識。大家一直對憑空會產生生物的「無生源論」深信不疑，直到十八～十九世紀。尤其是十七世紀雷文霍克發現了微生物的存在後，要否定生物的無生源論就更加困難了。因爲肉眼看不見，所以根本觀察不到出現的瞬間，所以無生源論尤其根深蒂固。

例如，一七六〇年代，義大利動物學家拉札羅．斯帕蘭札尼（Lazzaro Spallanzani），對於無生源論存疑，就進行了一個實驗。他將肉汁放入玻璃瓶裡煮沸，一瓶在暫時沒有微生物的狀態下密封，另一瓶則曝露在空氣中，再加以比較。結果曝露在空氣裡的肉汁微生物爆量腐敗，相較之下密閉的那一瓶沒有任何變化。這個實驗結果呈現生物不是自然發生，而是從外部進到玻璃瓶中。

但是無生源論的信徒們猛烈反擊，他們主張生命的誕生需要與空氣接觸，認爲密封阻斷了空氣，所以妨礙生命自然發生。

想要推翻無生源論，就要證明「即使有空氣，生物也不會自然發生」，解決了這個難題的，是法國化學家巴斯德。

路易·巴斯德
（Louis Pasteur）

一八五九年，巴斯德使用有著天鵝般長頸的特殊燒瓶進行實驗。這是一種外界空氣可以進出的燒瓶，但是微生物卻會被卡在瓶頸部，無法侵入內部。他將肉汁放入燒瓶煮沸，同樣的在無微生物的狀態下長期放置，即使沒有密閉，肉汁也毫無變化。即便有空氣，微生物也沒有自然產生。

事實上他在五年前的一八五四年，已經有了初始的布局。法國產業火車頭的釀造業一直苦惱於部分的葡萄酒會腐壞變味，蒙受

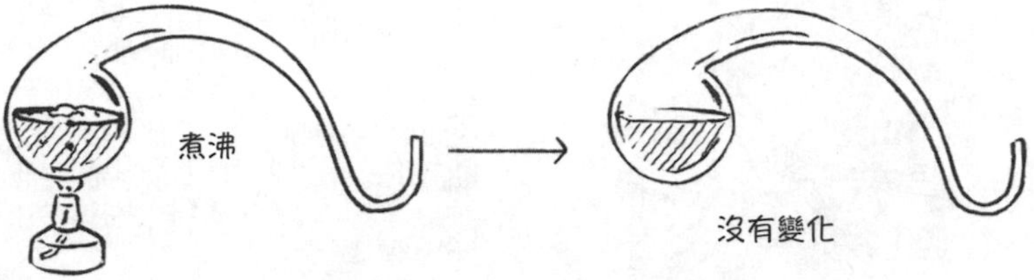

巴斯德的實驗

重大損失。

當時並不知道「腐敗」和「發酵」都是微生物的作用。人們自古就知曉啤酒、葡萄酒都是發酵而成，但是認爲是某種自然的化學反應。

爲了想要遏止腐敗，釀造業者求助於巴斯德。他證明了讓糖變成酒精的是酵母菌，而混雜了不同種類的微生物就會產生其他酸味，造成葡萄酒走味。

前者是「發酵」，而後者卻是「腐敗」。微生物爲了活下去的生命活動，人們只是以自己的方便，將其冠上不同的名稱。使用既不破壞風味、又能避免腐敗的溫度將飲料加熱、殺菌的手法，就以他的名字命名爲「巴斯德氏殺菌法」，沿用至今。

推廣消毒的外科醫師

李施德霖的由來

李施德霖是家喻戶曉的漱口水。事實上李施德霖已經有一百四十年以上的歷史，剛研發出來時，是當作手術用的消毒液。

「李施德霖」命名源於英國外科醫師李斯特。李斯特是將手術消毒推廣到世界，讓手術安全性飛躍式進步，在近代非常有名的外科醫師之一。

李斯特執醫是在一八五〇年代，當時沒有消毒的概念，外科醫師穿著髒兮兮的白袍，重複使用器械進行手術，當然手術後頻繁發生化膿、惡臭、引起全身嚴重感染，很多患者因此殞命。

李斯特希望能改善此一狀況，於是想出使用作爲防腐劑或汙水除臭劑的石炭酸（苯酚）來當消毒液。給李斯特這個靈感的，就是巴斯德的報告。

一八五〇年代巴斯德的重大發現——腐敗及發酵都是微生物的作用，李斯特看了這份報告後，思考手術後傷口是否也跟食物腐敗發生同樣的現象。

一八六五年八月，一位開放性骨折的少年被送到李斯特那裡。即使是現代的醫療水準，也是有細菌感染重症的風險，是非常危險的外傷。

約瑟夫・李斯特
（Joseph Lister）

當時還沒有抗生素，救治開放性骨折患者的方法，只有截肢一途。但是李斯特相信消毒的效果。他選擇用浸泡過石炭酸的布包裹傷口，頻繁消毒的方式來治療，結果六個禮拜後，少年奇蹟似的復原，能再次用雙腳走路。

李斯特將手術時的消毒法加以改良體系化，於一八六七年發表於醫學期刊《刺胳針》。標題是「ON THE ANTISEPTIC PRINCIPLE IN THE PRACTICE OF SURCERY」（外科手術中的消毒劑原理）。

利用此一手法後，手術後的感染症急遽減少。李斯特引進手術必須「清潔」的嶄新概念，成就受到認同，於一八九七年以外科醫師的身分獲得男爵封號。

現代的外科醫師在手術前會仔細的洗手，之後再用酒精消毒，穿著滅菌的手術袍，使用滅菌的器械進行手術。當然器械只使用一次，非拋棄式的器械則在每個患者用完後進行「高壓蒸氣滅菌」；患者的皮膚在切開之前，也會充分塗上消毒液，手術後傷口會蓋上紗布，這些流程已經是常識。

這些習慣是建立在知道手術後傷口化膿是細菌作祟、殺菌可預防感染的知識上。沒有這些知識的時候，也就是以爲感染是瘴氣之類眼睛看不見的力量引起之時，根本沒有人有消毒的概念。

如前所述，從預防感染的觀點來看，與一八四〇年時，塞麥爾維斯提倡的手部消毒有異曲同工之妙，但是這個手法沒有普及，塞麥爾維斯的名聲也沒有廣爲人知。在巴斯德讓世界知悉微生物的作用之前，眾人很難了解消毒的價值。

在往後的二十多年內，李斯特因爲消毒法而聲名大噪。諷刺的是，塞麥爾維斯的報告對於科學界來說，卻是一個來得太早的警鐘。

微生物學的巨人

羅伯特・柯霍
（Heinrich Hermann Robert Koch）

對人類來說，以前疾病的原因是體液失調、有毒瘴氣等無法確認實態的存在。十七世紀後，即使知道有肉眼看不見的微生物，但是了解會入侵人體造成疾病，又是很久以後的事。

發現此一事實的是德國醫師柯霍。柯霍是非常勤勉認眞的醫師，在工作之餘，非常熱中妻子送他的顯微鏡、觀察病人的組織，從中逐一發現各種特徵的細菌。

但是生病的器官有細菌存在，無法判斷究竟是「原因」還是「結果」。因此柯霍想到的是「單獨培養繁殖細菌」的方法。將單一種類的細菌培養繁殖，然後讓動物感染，確認是否會引起疾病。

柯霍發明用固體洋菜做成培養基。培養基如同前面所述，是富含細菌培養所需養分的人工土壤。就像麵包表面長了一層黴菌一樣，固體培養基上面單一細菌在同樣的地方固定繁殖，形成一個菌落（colony）。

以往細菌培養最大的瓶頸，就是混入其他的細菌。如果在液體中培養，其他的細菌不容易混入，但是要將混入的細菌去除也很困難。如果是固體的培養基，其他細菌混進裡面也會形成不同的菌落，所以容易區別。

固體培養基使用的容器，是由柯霍的助手朱利斯・理查・佩特里（Julius Richard Petri）所研發，並以此爲名的Petri Dish（皮氏培養皿），還有固體培養基到今天仍是細菌培養常用的做法。

柯霍培養了各種細菌，證實動物感染後會引發特定疾病。柯霍也是世界首位證明「細菌是造成疾病原因」的人。

北里柴三郎

十九世紀後半，柯霍發現了炭疽病、結核病、霍亂的致病細菌，他的學生北里柴三郎，也用同樣的手法發現了白喉、破傷風、黑死病的致病細菌。

北里被尊稱爲「日本細菌之父」，創立了北里研究所，成爲慶應義塾大學醫學院的首位院長，並創辦了日本醫師會。現在在北里大學白金校區內的柯霍北里神社，就供奉了這對偉大的細菌學師徒。

一九〇五年，獲得諾貝爾醫學生理學獎的柯霍理論——「柯霍氏法」至今仍廣為人知。該法則主要分為四個步驟：

定義某個微生物為致病原因必要的條件，

一、是所有罹病的個體都能發現特定的微生物，但在健康的個體中沒有；

二、微生物可用培養基進行培養；

三、培養後的微生物讓健康的個體感染，會罹患相同的疾病；

四、受感染的個體再次分離出相同的微生物。

此一原則成為醫學史上重大的改變契機。柯霍證明「各種細菌和其所引起的疾病可以一對一對應」。這個發明所代表的重大意義，是「如果可以殺死致病的細菌，就也可以根本治療該疾病」。

再也不是長久以來那套靠飲食、睡眠、祈禱、藥草等配合症狀的對症療法，而是治本的療法。

魔法子彈

柯霍爲了觀察細菌，會利用各種色素將組織染色，因爲如果目標特定的細菌被染上色，很容易就能確認細菌的存在。這種手法在柯霍以前的細菌學者就已多所嘗試，一路摸索得出了更好的染色法。

現代的傳染病診療現場，使用色素將細菌染色區分，是找出致病原因的重要流程。細菌的染色在各家醫院的細菌檢查室是每天非常重要的例行公事之一。

當然不只是細菌檢查，用顯微鏡診斷疾病的病理診斷，也是會用各種色素進行染色。例如切除下來的癌症組織染色確認細胞的變化，進行特定物質染色鎖定病因，可以說是病理診斷的基本作業。

十九世紀中葉，新的化學染料不斷問世。究其時代背景，殖民地棉花生產讓西歐諸國紡織產業欣欣向榮，染布色素的研發非常盛行，出現了洗了也不會褪色的各種化學染料。

德國醫師埃爾利希從小就對色素非常感興趣。學生時代的他，對於將各種組織染色、利用顯微鏡觀察的病理學實習熱中到忘我。之後成爲柯霍學生的埃爾利希，製造出各種可將細菌分別染色的色素，讓細菌學大步往前邁進。

埃爾利希還有當時誰都沒想到的獨創想法：如果化學物質能讓特定的細菌被染色，那或許也可以殺死特定細菌。

利用化學物質治療疾病——這在當時是非常嶄新的概念，被命名為埃爾利希的「化學療法」（※）。而這種可以狙擊特定病源菌的藥物，被稱為「Magic Bullet」（魔法子彈）。

保羅・埃爾利希
（Paul Ehrlich）

一九一〇年，埃爾利希經過數百種化學物質實驗，與從日本前來留學的細菌學者秦佐八郎一起找出「魔法子彈」，那是能夠殺死性傳染病之一：梅毒病原菌的化學物質。

製造編號六〇六的這個物質，取「salvation」（救世）的諧音，命名為「Salvarsan」（灑爾佛散），是世界上第一種實用化的抗菌藥。

灑爾佛散的發明，從首次誕生「能根治疾病的藥物」的概念來看，在醫學史上有重大意義。埃爾利希還有其他諸多成就，在一九〇八年獲得諾貝爾醫學生理學獎。

但是治療傳染病的千古難題依舊尚未解決。除了梅毒之外，很多殺菌的有效化學物質的研發，仍然非常困難。

埃爾利希的化學療法問世十年以後，改變傳染病歷史的真實「子彈」，以完全意外的形式被發現。

※現在「化學療法」一詞是指癌症治療（抗癌劑治療），細菌治療藥物一般通稱為「抗生素」。

偶然的大發現

戰地的傳染病

二十世紀初，戰地很多士兵都因爲傷口感染死亡。

傷口感染是由於皮膚表面的金黃葡萄球菌或鏈球菌等細菌所引起，雖然埃爾利希研發出「魔法子彈」，但是對於殺死一般細菌的「子彈」，當時付之闕如。細菌從傷口侵入，跑遍全身而引起嚴重的感染，人們對此無計可施。

之後在完全是一個偶然的情況下改變了醫學史。

一九二〇年代，在倫敦聖瑪麗醫院擔任研究工作的弗萊明，著手研究引起人類疾病的金黃葡萄球菌。

一九二八年九月三日，休完假的弗萊明發現有一個細菌培養基上長了黴菌。不可思議的是黴菌的旁邊都沒有細菌。這種黴菌是青黴菌的一種，似乎會產生某種物質妨礙細菌生長。

弗萊明將黴菌中萃取出來的黃色液體，取青黴菌的學名Penicillium，命名爲「Penicillin」（盤尼西林）。不過要將盤尼西林純化非常困難，無法穩定取得，弗萊明認爲這樣很難當作藥物使用，就只是發表了論文，就繼續做其他研究。

這完全是改變歷史的大發現，弗萊明本身卻沒有自覺。

又過了好幾年，牛津大學的弗洛里和柴恩，在尋找殺菌藥物之際發現弗萊明的論文，發現有成爲治療藥物的可能性。

盤尼西林的精製的確很困難，但效果卻很強。一九四〇年，他們用感染鏈球菌的老鼠做實驗，什麼都不做的話一個晚上就會死掉的老鼠，投藥盤尼西林後就存活下來了。

亞歷山大・弗萊明
（Alexander Fleming）

一九四一年，他們首次進行盤尼西林人體實驗，效果立現。問題是當時的技術不可能大量生產盤尼西林，要提煉二公克的盤尼西林，需要一噸青黴菌製成的液體。

狀況大有進步是在第二次世界大戰的

恩斯特・伯利斯・柴恩
（Ernst Boris Chain）

霍華德・華特・弗洛里
（Howard Walter Florey）

時候。日本、德國、義大利等軸心國，與英國、美國、蘇聯等同盟國之間的大戰中，很多士兵都因爲傷口感染而喪命，或是不得不手腳截肢，國家非常熱切需要治療感染的藥物。弗洛里去了美國，組織了以政府機構爲主導的研究團隊。爲了拯救同盟國軍的士兵，很多製藥公司競相投入。

支援諾曼地登陸作戰

由於戰場上對盤尼西林的需求量暴增從中推了一把，使得青黴菌的生產和盤尼西林萃取法逐步獲得改良，盤尼西林終於可以大量生產。

一九四四年六月六日，成千上萬的同盟國士兵從諾曼第海岸登陸襲擊德軍，史稱諾曼第登陸，是史上最大規模的作戰。這一天同盟國準備最強的武器，就是全體士兵分量的盤尼西林。

此時戰場上使用的盤尼西林，有九成都是美國製藥公司輝瑞的產品❶，因爲相較於其他競爭對手，生產製程最穩定。

盤尼西林大大降低了同盟國士兵因感染而死亡的人數，後於一九四五年，弗萊明、弗洛里、柴恩獲得諾貝爾醫學生理學獎。

盤尼西林至今仍被大量使用在治療感染上。事實上柴恩本身是猶太人，母親和姊妹都在德國的集中營喪命。柴恩的研究成果，也在打倒納粹上出了一分力。

對於人類來說是「奇蹟之藥」的盤尼西林，就青黴菌的角度來看，不過是細菌爲了保護自我而分泌的物質。之後取其「抵抗生物」的意義，命名爲「抗生素」（antibiotics）。

發現盤尼西林，在醫學史上是極爲重要的轉捩點，因爲必然的會往「自然界應該還有其他對人們有幫助的抗生素存在」發展。隨著對抗生素不斷探索，產生了很多治療感染的藥物。

研究土壤中微生物的美國微生物學家瓦克斯曼，發現放線菌會製造出抗生素——鏈黴素（streptomycin），於一九五二年得到諾貝爾醫學生理學獎。

賽爾曼．瓦克斯曼
（Selman Abraham Waksman）

鏈黴素的發現也是醫學史上極爲重要的成就，因爲對於當時讓很多人喪命的病原菌之一——結核菌有很好的功效。此一藥物目前仍用於結核病的治療。

因爲抗生素的研發，因傳染病而死亡的人數大幅減少，平均壽命急速增加，爲人類歷史帶來巨大變化。很多國家長期以來占據死因第一名的傳染病，被其他疾病取代。

但這樣的奇蹟之藥卻被濫用，其結果是開始出現抗藥性的病菌。出現抗藥性病菌、爲了殺菌而研發抗生素、然後再次產生抗藥性，落入一種「惡性循環」。現在不管任何抗生素都奈何不了的「超級細菌」已然成爲世界性的問題。或許有一天，我們又會回到對傳染病無計可施的狀態。

顯微鏡也看不到的病原體

細菌與病毒截然不同

顯微鏡的發明讓肉眼看不見的微生物現形。自十九世紀柯霍發現病原菌之後，瘴氣說漸漸被消滅。傳染病是由於來自體外的微生物在體內繁殖，才會引起疾病也成為一種常識。

但是之後證實還有「連顯微鏡都看不見的微生物」存在，那就是病毒。

細菌和病毒經常被混淆，但兩者完全截然不同。病毒小到只有細菌約百分之一，用一般的光學顯微鏡根本看不到。首次觀察到病毒，是德國發明電子顯微鏡的一九三一年，自雷文霍克發現「微小動物」算起，事實上已經超過二百年。

通常會將微小的環境稱之為「微米世界」。微米是一毫米千分之一，就大約是細菌的尺寸；而病毒的尺寸是以「奈米」來表示，一奈米是一微米的千分之一。

細菌和病毒不只是尺寸有差異，在「是否能靠自己存活」的地方也不同。細菌只要有適合的環境，就可以靠自己細胞分裂繁殖，不需要寄生在其他生物上。

但是病毒無法自力更生。僅僅是蛋白質包覆著DNA或RNA而成的簡單構造，沒有自我複製的能力。以此一性質來看，很多人會不把病毒視爲生物，但通常還是會將其歸入微生物學的領域中。

病毒的繁殖方式

那麼病毒究竟如何繁殖呢？

其實病毒是將自己的DNA或RNA送進其他生物的細胞裡，藉由細胞的複製系統來繁殖。DNA和RNA是生物的設計圖，病毒可以把自己的設計圖送給別人，然後讓別人來複製自己。

如果以被感染的細胞的角度來看，就是正在組模型的時候，無意中設計圖被偷換了幾頁，自己沒有察覺，還繼續量產錯誤的模型。

被病毒感染的細胞量產了病毒，而細胞內增生的病毒很快就破壞細胞、跑到外面去，然後再去感染其他細胞，一邊破壞一邊繁殖。

對人們來說，細菌和病毒都是肉眼不可見的，所以統稱爲「微生物」。但對於細菌來說，被病毒入侵繁殖會破壞自身，也會威脅生命。而抗生素只能對付細菌，對病毒完全無效。

知曉還有比細菌微小的微生物存在，是一八九〇年的事。當時俄羅斯的生物學家德米特里・伊凡諾夫斯基（Dmitri Iosifovich Ivanovsky）正在調查菸草出現馬賽克狀斑點這種植物病害。這看起來似乎是某種傳染病，但是原因並不清楚。

讓人吃驚的是，即便把菸草磨碎、過濾掉細菌，結果還是具有感染性。根據實驗結果，顯示了可能有比細菌更小的感染源存在。

在四十五年後的一九三五年，美國病毒學家史丹利首次證實菸草嵌紋病毒的存在，並以此世界首見的成就，於一九四六年獲得諾貝爾化學獎。

溫德爾・梅雷迪斯・史丹利
（Wendell Meredith Stanley）

傳染病與疫苗

之後又陸陸續續發現引起人類疾病的病毒。

發現細菌和病毒這些病原體，就能夠研

發出預防疾病、診斷、治療的方法，也出現了各種對抗病毒的治療藥物。

但是與抗生素不同，很少抗病毒藥會讓病毒完全消滅死亡，大多是抑制繁殖，減輕症狀。例如最具代表性的，是抗流感的藥物克流感，藥效是「約可縮短一天發燒的時間」，並不是馬上藥到病除。

還有很多病毒傳染病並沒有治療藥物，例如大家熟知的的痲疹、德國痲疹都是病毒傳染病，也都沒有抗病毒藥。

一旦染病，就只能用舒緩症狀的藥物等病情好轉，有一部分還會重症化、威脅生命，留下後遺症。感冒病毒、新冠病毒都是如此，目前還沒有可以治癒的抗病毒藥物。

對於傳染病最強的預防方式就是疫苗。迄今已研發出很多細菌和病毒相關的疫苗，拯救了很多人的性命。

對抗白喉棒狀桿菌、百日咳菌、破傷風菌、脊髓灰質炎病毒、b型嗜血桿菌（以上為五合一疫苗）、肺炎鏈球菌、結核菌（BCG）、B型肝炎病毒、痲疹病毒、德國痲疹病毒、腮腺炎（以上三種為MMR疫苗）、水痘帶狀皰疹病毒（水痘）、日本腦炎病毒、A型肝炎、腦膜炎、人類乳突病毒等，都是以公費讓孩子定期接種疫苗。除了有「～菌」字眼以外的疾病，其他都是病毒。

B型肝炎病毒與諾貝爾獎

疫苗可預防的疾病稱爲ＶＰＤ（Vaccine Preventable Diseases）。藉由疫苗的施打，讓感染後可能會死亡或有嚴重後遺症的疾病，變成可以預防。

B型肝炎病毒和人類乳突病毒都是會讓人罹癌的病毒，因此疫苗還具有「預防癌症」的特殊性質。

B型肝炎病毒會讓人罹患B型肝炎演變成肝癌（猛爆性肝炎等嚴重的肝炎會喪命）。而人類乳突病毒是會引起子宮頸癌等各種癌症的病毒。

巴魯克·賽繆爾·布隆伯格
（Baruch Samuel Blumberg）

除此之外，很多癌症的原因並非單一，所以無法以藥品來預防。不管飲食上多小心、生活有多規律，也無法完全預防大腸癌、乳癌、前列腺癌、胰臟癌等。

但是如果是傳染病引起的癌症，只要預防感染就能預防癌症，從這一點來看，疫苗給我們的影響非常大。

發現B型肝炎病毒的是美國醫師布隆伯

哈拉爾德・楚爾・豪森
（Harald zur Hausen）

格，他與一九六七年發現人類乳突病毒的德國病毒學家豪森，於二〇〇八年獲得諾貝爾醫學生理學獎。

奇蹟的技術

意外的是，疫苗的誕生實際上比細菌學、病毒學興盛的年代還要早。在證明細菌和病毒存在之前，早就已經在活用疫苗。

「vaccine」（疫苗）的語源，是拉丁文的牛「vacca」。但爲什麼會有「牛」字？是因爲疫苗的誕生與「牛」有很大的關聯。

十八世紀時，全世界天花大流行，全身發疹、每三人就有一人死亡。

天花是天花病毒科所屬的病毒引起的傳染病，也是從公元前就爲人所知的疾病。當然長期以來並不知道有病毒存在，完全沒有預防方法和治療法，不過有一點是從經驗上得知，那就是「如果得了天花痊癒，就不會再得第二次」。

也就是現在所說的「免疫」。

由此經驗，在十世紀左右開始衍生出種痘的預防方法。即是從天花患者的皮疹上取膿，然後種在健康者皮膚的傷口進入體內，藉此獲得抵抗力。雖然有一定的效果，但是接種的人有染疫的風險，是一種不太安全的方法。

另一方面，在英國的農村自古就流傳「得了牛的疾病——牛痘，就不會得天花」的說法。人得了牛痘之後也只是皮膚輕微腫脹，不會引起重症，但不知道爲什麼染了這個病就不會得天花。

英國醫師詹納注意到這個現象，思考著將牛痘患者的膿種在人體，應該就可以預防天花。詹納對二十三人種痘，並於一七九八年發表研究結果。這二十三人中，還包含了詹納自己十一個月大的兒子。

愛德華·詹納
（Edward Jenner）

當時相信其效果的人很少，於是詹納成了笑柄。但是種痘的效果的確有效。雖然不知道種痘究竟在體內起了什麼作用，但這就是世界首見的疫苗。

天花疫苗在世界上快速普及，天花發生率也大幅降低。一八四九年，緒方洪庵在大阪興建除痘館，接種疫苗也推廣到日本。

一八五八年，江戶也建立種痘所，也就是東京大學醫學院的前身。

經過一個世紀多以後的一九八〇年，世界衛生組織宣布天花滅絕。這個世界上再也沒有天花患者。以往威脅人類的疾病，就這樣從地球上消失。

人類的歷史上，沒有像疫苗這樣拯救諸多性命的良藥吧！生活在現代的我們，正享受著醫學進步應運而生的奇蹟技術。

破壞免疫系統的疾病

某個奇特的報告

一九八一年，醫學期刊《刺胳針》刊載了一篇奇特的報告❷，當中提到有八名罹患罕見疾病卡波西氏肉瘤的男性患者，出現了特殊的病徵。

卡波西氏肉瘤患者多爲高齡族群，但他們都才二十～四十歲，算是相當年輕。本來卡波西氏肉瘤的病程都是長達十年緩慢進行，他們卻急速惡化，其中已有五人死亡。

更奇怪的是八人全部都曾感染梅毒、淋病、生殖器疣等各式各樣的性病，而且全部都是男同性戀。

還有更讓人吃驚的事。其中一位三十四歲的男性合併有肺炎、隱球菌腦膜炎等罕見的感染症，僅僅三個月就身亡。這些病原體是眞菌，也就是黴菌的朋友，但如果是健康的人，這些極少會造成問題，是病原性很低的微生物。

法蘭索娃絲・巴爾・西諾西
（Françoise Barré-Sinoussi）

呂克・蒙塔尼耶
（Luc Antoine Montagnier）

之後美國也陸續出現類似症狀的病例。共通點是這些病患的免疫系統都破壞殆盡，出現健康的身體不會有的感染症，原因完全不明。

因爲患者多爲男同性戀者，所以一開始命名爲「男同性戀免疫缺乏症」（gay-related immunodeficiency）。由於帶有歧視意味，之後更改爲「後天免疫缺乏症候群」（即AIDS，愛滋病）。

一出生就有免疫機能異常的疾病統稱爲「先天性免疫缺乏症候群」，但是那時候發現的是「後天性失去免疫機能的新症候群」。

爾後的學者們的研究速度愈來愈快。從最初的報告僅僅二年後的一九八三年，法國的病毒學家蒙塔尼耶和巴爾・西諾西發現了愛滋病毒。當初蒙塔尼耶他們是將之稱爲「淋巴結病相關病毒」（ＬＡＶ），一九八六年則命名爲「人類免疫缺乏病毒」（ＨＩＶ）。

ＨＩＶ有個極爲麻煩的特點，會侵入負責人體免疫機能的淋巴結之一，輔助性Ｔ細胞，自己大量複製並破壞Ｔ細胞。病毒不斷侵入Ｔ細胞然後再破壞，持續重複之下，造成Ｔ細胞慢慢變少。

病毒花了幾年到十幾年的長時間，一點一滴的步步進逼宿主的免疫系統，結果對健康的人無害的眞菌（黴菌的同類）或弱毒性的病毒，都會引起嚴重的感染，讓宿主死亡。這種感染症也稱爲「機會性感染」（opportunistic infection）。

性病患者的傾向

發現病毒之後，抗病毒藥也進步神速。治療法年年改良，目前是併用多種抗病毒藥物，已經幾乎能完全抑制病毒的繁殖。

以前感染ＨＩＶ就等於被「宣判死刑」，現在已經變成可以控制的「慢性病」。只要吃藥就能維持「雖然感染ＨＩＶ，但不會ＡＩＤＳ發作的狀態」。

ＨＩＶ除了血液之外，精液及陰道分泌液也有，所以會藉由性行爲人傳人。會引發性病的病原體除了HIV之外，還有淋菌、披衣菌、梅毒螺旋體等細菌，以及前面提到的B型肝炎病毒和人類乳突病毒。

感染性病的患者中，有不少人是同時有多種性病。這是因爲性病感染路徑相同，具有同樣的風險。一九八一年報告中的八位男性患者全部都感染過性病，就是這個原理。

HIV在血液裡也有，所以重複使用針筒注射毒品也會感染。如果是母親爲感染者，也會有垂直感染的風險，所以要事先服用抗病毒藥，並避免餵母乳。

現在全世界HIV感染患者約有三千八百萬人，半數以上是在撒哈拉沙漠以南的非洲❸，主要原因是性病防治不夠完善。非洲的感染者以女性居多，因此嬰幼兒的垂直感染是個大問題。在第一次發生性行爲之前，必須有充分的防護教育。

蒙塔尼耶和巴爾．西諾西以發現HIV的成就，於二〇〇八年獲得諾貝爾醫學生理學獎，與前面提到的發現人類乳突病毒的楚爾．豪森同時獲獎。

那一年的諾貝爾獎，是頒發給「發現在人類之間廣泛蔓延的病原病毒者」。

不治之症變成可治之病

二〇二〇年的諾貝爾醫學生理學獎也是頒給「發現病毒者」。受獎者是三位病毒學家——阿爾特、霍頓跟賴斯，他們發現了C型肝炎病毒。

C型肝炎病毒是經由輸血等血液感染，使得肝臟慢性發炎。肝臟細胞經年累月受到破壞再重生，不斷循環後會演變成肝硬化、肝癌。

有慢性疾病（慢性肝炎或肝硬化）的肝臟，容易罹患肝癌。很多都是肝臟經過十年、二十年的長期傷害，處於傷痕累累的狀態。

肝臟內的細胞癌症化統稱為「原發性肝癌」（其他器官轉移而來的是「轉移性肝癌」）。

原發性肝癌可大致區分為肝細胞癌和肝內膽管癌，在日本肝細胞癌占九十％以上❹。雖然分類有點複雜，但理由很簡單。組成肝臟的細胞主要是肝細胞和膽管細胞，各自癌症化後，就成為肝細胞癌和肝內膽管癌。

「肝臟發生的癌症」大半為肝細胞癌，成因有七～九成是B型肝炎或C型肝炎❺。日本人約七成有C型肝炎、約二成有B型肝炎（台灣則是B型肝炎罹患比例高於C型肝炎）。

邁克爾·霍頓
（Michael Houghton）

哈維·阿爾特
（Harvey J Alter）

一聽到「肝癌」，很多人都會聯想到酒精，但實際上最大的成因是病毒。

C型肝炎以前被稱爲「非A非B型肝炎」（也就是既不是A型也不是B型的肝炎）。就算發現A型肝炎病毒和B型肝炎病毒，確認了診斷法，但是卻有「和這些都無關的未知肝炎」存在。

一九八九年發現C型肝炎病毒，診斷法也確立。C型肝炎是很難治癒的疾病，一旦感染病毒就會慢性惡化，很多案例都會引起肝硬化和肝細胞癌。

此外，B型肝炎有疫苗，但是C型肝炎沒有。平常接觸肝炎患者，以及會接觸到注射針筒的醫療從業人員，C型肝炎是具威脅性的傳染病。

但是隨著治療法改良，近年來誕生了

查爾斯・M・賴斯
（Charles M Rice）

劃時代的治療藥物——直接作用型抗病毒藥（Direct Acting Antiviral）。拜此藥所賜，C型肝炎有九十五%以上可治癒❻。只要吃藥就可以治好C型肝炎，這是在稍早以前無法想像到的未來，而發現C型肝炎病毒，就是這項偉大成就的基礎。

誕生於日本的全身麻醉

誰都想像不到

和歌山縣川市，有一個名爲「青洲之里」的公路休息區，是因爲江戶時代紀州藩的醫師華岡青洲而得名。那裡有診療所兼住家的春林軒，以及華岡青洲彰顯紀念公園，還有各式各樣的紀念碑。

青洲是全球首位施行全身麻醉的醫師。到十九世紀爲止並沒有全身麻醉技術，手術時要一邊忍痛是常識，面對因劇痛而呻吟、尖叫的患者，外科醫師必須要快速完成手術。

沒有麻醉，能夠做的手術也很有限。「睡著沒有痛感的時候切開身體，縫好之後醒來」的這種藝術，當時沒有人能想像得到。

青洲從小就一路看著父親行醫，立下志願將來也要當醫師，幫助有困難的人，並致力研究用草藥製成麻醉藥，實現沒有痛感的手術。

一八〇四年，青洲苦心造詣，終於發明麻醉藥通仙散，以全身麻醉的方式，成功摘除乳癌。

青洲的人體實驗對象包含自己的太太和母親，二人都是自己向青洲提出想要嘗試全身麻醉。

青洲之後累積了百人以上乳癌患者全身麻醉手術的案例，學生從各地來向青洲學習，但因青洲研發出來的全身麻醉藥用量很難調節，所以無法推廣到全世界。

推廣全身麻醉的牙醫

華岡青洲

創造全身麻醉普及的契機，是美國的牙醫們。此時距離青洲首次進行全身麻醉，已經過了四十多年。

十八世紀後半到十九世紀，一氧化二氮被用於派對、秀場上。吸了這種氣體會像喝醉一般大笑不止，所以又被稱爲「笑氣」，年輕人們吸了之後飄飄欲仙，受傷了也不覺得痛。

看到這個情況的牙醫威爾士，突然靈光一閃，想著在治療牙齒時用這種氣體，患者應該就不會覺得痛了。

霍勒斯・威爾士
（Horace Wells）

威爾士首先親自嘗試，他吸了笑氣，在失去意識的期間，請朋友約翰・林格斯來拔牙，讓人驚訝的是完全不痛。

之後他便將笑氣實際使用在很多患者身上，確信其效果的威爾士，在一八四五年一月時進行公開實演。地點在波士頓的麻州綜合醫院，是知名的哈佛醫學院最大的醫學教學中心。

但很不幸的是威爾士的實演以失敗告終。在眾目睽睽下，手術中的患者表示疼痛難挨。一時間威爾士被指責爲「庸醫」「騙子」，認眞努力的威爾士之後再次反覆實驗，但卻無法挽回大眾的信心。

威爾士的實驗爲什麼會不順利？是笑氣的量還是純度有問題？或是氣候有影響？至今仍是個謎。

另一方面，威爾士公開實驗中擔任助手的是同爲牙醫的莫頓。莫頓看到威爾士的失敗後放棄了笑氣，選擇了和笑氣有類似效果的乙醚（蒸汽形式）。

當時會舉辦「乙醚派對」，乙醚還被當作是娛樂工具。莫頓對自己的患者使用了乙醚，並確認可進行手術後，於一八四六年，在與威爾士相同的地方公開實演。

在威爾士失敗僅過了一年後，結果大爲成功。患者在完全感受不到疼痛的狀況下，切除了下巴的瘤。這件事被大肆報導，也成爲麻醉法普及的第一步。

之後因爲乙醚有著火的危險性，所以改用更安全的三氯甲烷作爲吸入麻醉用藥。當然不論乙醚或是三氯甲烷，過量都會讓身體有嚴重的副作用。製造出可以調整氣體濃度的吸入器，提高麻醉安全性的是英國醫師約翰．斯諾（John Snow）。如同前面所述，他是看透了這些缺點並加以改良。

現在麻醉藥更加進步，是由好幾種安全性高的藥品組合搭配而成，並依照不同症狀區分使用。

麻醉相關的事故極少，在麻醉科醫師的管控之下，外科醫師可以進行十小時，甚至二十小時的長時間手術。

威廉·莫頓
（William Morton）

爭論與悲劇的結局

莫頓實演成功之後，美國長期陷入「誰是麻醉法發明者」的激烈爭辯。

尤其是商業主義的莫頓，以自己是麻醉法發明者自居大肆宣傳，多次刊登無痛拔牙相關的報紙廣告，診所生意興隆。

他還想申請乙醚麻醉專利，藉此收取使用費來拓展商機，並經常去游說議員，為了牟利而奔走。

但乙醚本來就是一般使用的化合物，這種「發明」的獨創性並沒有受到認同。而當初建議莫頓使用乙醚的哈佛大學權威查爾斯·傑克森（Charles Jackson）認為自己才是發明者，也絲毫不讓步，在醫學期刊和莫頓爭論不休。

尤有甚者，喬治亞州的外科醫師克勞福德·朗（Crawford Long）爆出使用乙醚進行手術，時間比莫頓早了四年……其他還有很多人都自稱是「第一個發明者」，爭議極度混亂，然而窮盡一生想要將自己的成就名留後世的莫頓，在一八六八年因腦中風突然離世。

另一方面，威爾士也主張自己才是吸入式麻醉法的催生者，也加入爭論的戰局。爲了挽回麻醉法發明者的名譽，他自己使用了三氯甲烷，拚命不斷做實驗。

但是這讓威爾士的身心受到摧殘。

一八四八年，威爾士在大街上對二位女性潑硫酸，造成對方受傷而被逮捕。濫用三氯甲烷的威爾士已經演變成重度依存症，他的脫序行爲是因爲陷入錯亂狀態，等到回過神來，人已經在拘留所裡。

對自己的犯行大感苦惱的威爾士，在隔天夜裡吸入三氯甲烷，用剃刀割斷自己的大腿動脈。當早上守衛來到他的單人拘留室時，發現他已經氣絕身亡。

威爾士和莫頓公開進行的麻醉手術，現在於麻州綜合醫院的腹地內，以「乙醚圓頂」（Ether Dome）被保留下來。

美國獨立後不到一世紀，誕生了美國史上，甚至可說是醫學史上最重要的發明，這樣的發明也隨著悲傷的軼事一起被流傳至今。

可怕的糖尿病

失明原因第三名

一九二一年，有一件改變醫學史的重大事件，那就是發現可以降低血糖值的荷爾蒙「胰島素」。

胰島素是胰臟製造的荷爾蒙。我們的身體可以感知些微的血糖值變動，從胰臟分泌荷爾蒙保持一定的血糖值。

糖尿病是由於胰島素不足，或是胰島素對身體反應遲鈍的「胰島素抗性」引起的疾病。

血液中葡萄糖的濃度過高，濃度差異會造成水分流入血管內，造成多尿、異常口渴、水分攝取多，而過多的葡萄糖從尿液排出，使得尿液的葡萄糖濃度異常的高，這就是「糖尿病」病名的由來。

人的體內有超過一百種荷爾蒙，但是能讓血糖下降的只有胰島素。而會讓血糖上升的荷爾蒙有成長荷爾蒙、副腎皮質荷爾蒙、腎上腺髓質荷爾蒙、甲狀腺荷爾蒙、升糖素、體抑素等多種。

提高血糖值的機制比較完善，是因爲對於動物來說，必須爲糧食不足做準備。現代的人類是歷史上極爲罕見的，「沒有糧食困擾的動物」。

糖尿病分爲幾種類型，最重要的是第一型和第二型糖尿病。糖尿病有九成都是第二型糖尿病，很多人熟知的生活習慣病「糖尿病」就是屬於第二型。

第二型糖尿病是因爲遺傳，以及飲食不當、肥胖、運動不足等環境因素，造成胰島素抗性及胰島素分泌低下引起的慢性病。

長期處於高血糖的狀態下，體內各個器官會受到傷害，其中最具指標性的就是神經、眼睛和腎臟，而末梢神經障礙會有手腳麻痺的現象，感覺也會變得遲鈍。

當全身的微血管受到傷害，傷及視網膜的微血管就成了糖尿病視網膜病變，惡化會導致失明，這也是日本失明原因的第三名❼。

腎臟血管受損會導致糖尿病腎臟障礙，慢慢的腎臟機能被破壞，最後必須要洗腎。導致需要洗腎的疾病之中，糖尿病是第一名，約占四成❽。

高血糖會讓免疫功能低下，腳上的小小傷口若沒多加注意就會引發嚴重感染，微血管血流變差更會造成傷口潰爛。「足部潰瘍」也是糖尿病代表性的併發症，有時候甚至必須截肢。比起非糖尿病者，糖尿病患者截肢的機率高出三十倍❾。

從說明就可以了解到，第二型糖尿病是會慢慢傷害身體的慢性病。

另一方面，第一型糖尿病的特徵完全不同。與生活習慣無關，好發於兒童到青少年的年齡層。分泌胰島素的胰臟細胞（β細胞）壞死，造成胰島素的量不足。很多都是由於免疫系統錯誤攻擊自己的胰臟所產生。

第一型糖尿病的問題是胰臟幾乎不會分泌胰島素，所以必須以注射胰島素的方式由體外補充。

直到二十世紀初、還不知道胰島素存在的年代，第一型糖尿病患者壽命極短，通常發病後幾年內就會死亡。沒有胰島素的時候，身體會發生什麼樣的反應？

雖說胰島素是「讓血糖值下降的荷爾蒙」，但正確來說，它是能讓細胞吸收血液中的葡萄糖，轉化爲能量來源的荷爾蒙。血糖值變低是結果。如果沒有胰島素，身體無法有效率的利用能源，就會急速變瘦。

此外，由於無法拿葡萄糖來當能量來源，體內只好分解大量脂肪來當能量。在分解的過程中會產生過多的酸性物質「酮體」，血液就會變酸性，也就是演變成

「糖尿病酮酸中毒」，如果不即時注射胰島素，會陷入昏睡狀態甚至死亡。人體的各種器官要能正常運作，就必須維持血液在中性的範圍。

在發現胰島素之前，第一型糖尿病是隨時會猝死的不治之症。

奇蹟似的發現胰島素

糖尿病的歷史非常悠久。在公元前十五世紀的古埃及莎草紙上，就有記載糖尿病患者特徵之一的「多尿」症狀，希波克拉底也曾提及糖尿病的症狀。但是不要說胰島素的存在，連胰臟是跟糖尿病有關的器官，都是十九世紀後半才得知。在三千年以上的歷史中，了解糖尿病的真相是「最近的事」。

糖尿病史上最大的轉捩點是在一八八九年。德國醫師奧斯卡・閔可夫斯基（Oscar Minkowski）注意到切除胰臟的犬隻會罹患糖尿病。沒有胰臟的犬隻，會有糖尿病特有的異常口渴、多尿症狀，也會昏睡死亡。

那時候已然知曉胰臟是分泌消化液到十二指腸的器官，但是具備調節血糖值的機能，還是首次得知。

如果把胰臟分泌能讓血糖值下降的荷爾蒙抽取出來，應該可以用於救治糖尿病患者。但這個嘗試讓很多研究者煞費苦心，因爲在萃取的過程中，胰液中會分解蛋白質的消化酵素，也會把荷爾蒙一併分解。

在這樣的時代背景下，胰島素意外的被發現。

一九二〇年，當時二十九歲的加拿大人班廷，是一個沒有治療糖尿病經驗的外科醫師。

班廷爲了給來實習的大學生準備講義，在查詢碳水化合物代謝相關文獻時，腦中突然靈光一閃。

那就是把動物的胰管出口綁住，破壞胰臟製造消化酵素的細胞，就可以只抽取出荷爾蒙了。荷爾蒙基本上並沒有像胰管之類的「導管」（通道的粗管），而是微血管內直接分泌的物質。如果胰管阻塞，滯留的胰液會使得胰管的壓力增高，只會破壞製造消化酵素的細胞，或許就可以抽出不受消化酵素影響的荷爾蒙。

班廷爲了將自己的想法具體化，在一九二〇年十一月首次前去拜會多倫多大學生理學教授麥克勞德。

面對對糖尿病知識尚淺，且缺乏實驗經驗的班廷，麥克勞德勉爲其難的借給他實驗設備，此舉卻和之後被稱爲「多倫多奇蹟」的壯舉串起了連結。

一九二一年，班廷用前述的方式，從犬隻的胰臟成功分離出荷爾蒙，然後將之

約翰・麥克勞德
（John J.R. Macleod）

弗雷德里克・班廷
（Frederick Banting）

注射到糖尿病的犬隻身上，出現非常明顯的效果。雖然胰臟被整個摘除，但仍存活七十天以上的犬隻馬喬里成爲世界上最有名的實驗動物。

一九二二年一月，首次將胰島素用於一位十四歲第一型糖尿病的少年身上，症狀獲得大幅改善。之後多倫多大學與美國禮來製藥公司產學合作，利用家畜豬大量生產胰島素，拯救全世界無數的糖尿病患者。

從發想後僅過了三年的一九二三年，班廷和麥克勞德共同獲得諾貝爾醫學生理學獎。堪稱史上最快完成得獎壯舉的班廷，於一九四一年二月，因爲飛機失事結束短暫的一生，得年四十九歲。

十一月十四日爲世界糖尿病日，每年在全球都有點燈活動，這天正是班廷的生日。

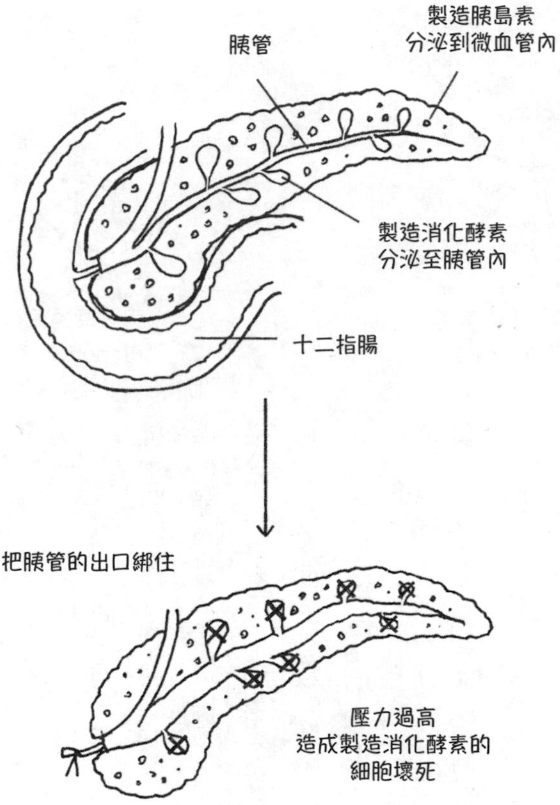
製造胰島素
分泌到微血管內
胰管
製造消化酵素
分泌至胰管內
十二指腸
把胰管的出口綁住
壓力過高
造成製造消化酵素的
細胞壞死

從胰臟抽出胰島素

基因工程的成果

發現胰島素之後，治療糖尿病長久以來都是用牛或豬的動物性胰島素。但是使用家畜不可能滿足所有糖尿病患長期的需求，因爲光是一個糖尿病患，一年就需要七十頭豬，而且動物來源的胰島素，有時會也會引起過敏反應。

一九七〇年代，基因工程進步讓這個問題獲得解決。透過基因重組技術，可以大量培養有人類胰島素基因的大腸桿菌，用化學合成，藉此量產胰島素。

一九八三年，禮來藥廠與以基因工程研發新藥爲目標的新創公司基因科技，共同研發世界首支的人類胰島素製劑「優泌林」。人類胰島素製劑是第一個使用基因重組技術的藥品，之後有好幾個藥品也用了同樣的手法生產。

基因重組在現今已是醫藥品開發不可或缺的技術，而幕後的工程就是細菌。人類絕對製造不出來的物質，細菌可以簡單大量生產。

胰島素製劑爲了模仿胰島素在體內分泌的行爲，之後也有顯著的進步。各種類型的胰島素製劑出籠，在全球都有相當大的使用量。除了胰島素製劑之外，糖尿病的治療藥物也很多樣，依照不同類型各有藥物可使用。

例如要完美控制血糖非常困難，前述的各種併發症依舊是個大問題。以往都相當短命的第一型糖尿病，現在也歸屬於慢性疾病，結果也再衍生出併發症的風險。

根據二〇一九年國際糖尿病聯盟（ＩＤＦ）的調查，全球共有四億六千三百萬個病患，也就是說每十一人中，就有一人有糖尿病⓾，主要原因為全球性的都市化和高齡化，以及肥胖人口的增加。

與糖尿病的戰鬥已超過三千年漫長的歷史，而這只不過才剛剛開始而已。

登上金氏世界紀錄的「止痛藥」

止痛藥的歷史

「疼痛」對我們來說，是非常不舒服的一種感覺。很多人都有頭痛、關節痛、腰痛的毛病，故對止痛的需求，從古至今都沒有改變。

人類至今爲止試過很多舒緩疼痛的方法，其中最有效的是柳樹的葉子及樹皮，從古希臘羅馬時代開始，長期以來都被運用於鎮痛解熱。

一八〇〇年代，人們萃取出柳樹中有效的成分「水楊酸」（Salicylic acid），之後也成功以人工化學合成。

水楊酸的名字就來自於柳樹的學名「Salix」，但它有個很大的缺點，就是會造成胃不舒服和嘔吐、胃潰瘍等副作用。

一八九〇年代，著手開始進行水楊酸改良的，是德國拜耳製藥的費利克斯·霍夫曼（Felix Hoffmann）。霍夫曼會如此熱中研究是有理由的，他的父親因爲關節

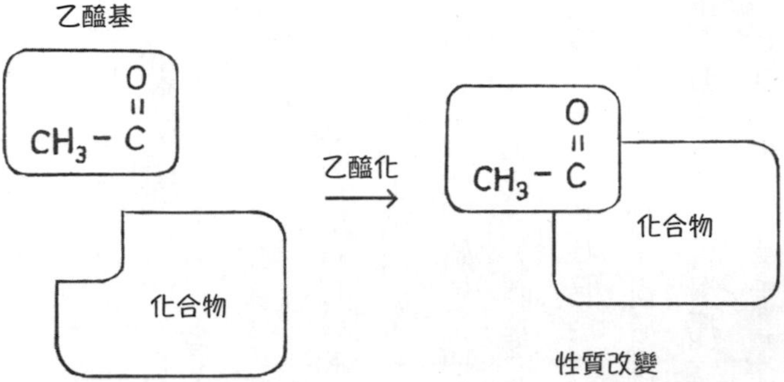

乙醯化

痛而服用水楊酸，但是卻對嚴重的副作用煩心不已。

一八六三年，以染料公司起家的拜耳在一八八八年設立醫藥品部門，開始進行各種藥品的研究。尤其對改變藥品性質、提高安全性的「乙醯化」特別投注心力，將藥物的分子結構導入「乙醯基」進行反應。

所謂的「乙醯基」（CH_3CO-）是由氧原子（O）、二個碳原子（C）、三個氫原子（H）所組成。讓此結構結合，就能改變化學物質的性質。

一八九七年，霍夫曼發現將水楊酸乙醯化後可以減輕對胃的副作用，一八九九年，拜耳公司發售了「乙醯水楊酸」（acetylsalicylic acid）錠劑，商品名稱為「阿斯匹靈」。

阿斯匹靈受到熱烈歡迎，銷售量爆發性成長，一九五〇年代被列入金氏世界紀錄，是世界上銷售最多、至今仍極具代表性的止痛藥。

例如以廣告詞「一半是以溫柔製藥」為大家熟知的「百服寧」（Bufferin）就是取名「buffer（緩和）＋aspirin（阿斯匹靈）」的阿斯匹靈製劑。

阿斯匹靈是長年熱銷的鎮痛藥，但是「為什麼可以止痛」的原因卻不明。這個謎團在一九七一年被英國藥理學家范恩解開，這是阿斯匹靈發售七十年後的事，范恩也以此成就獲得一九八二年的諾貝爾醫學生理學獎。

約翰・羅伯特・范恩
（John Robert Vane）

阿斯匹靈止痛的理由

阿斯匹靈為什麼能夠止痛？雖然理由有點複雜，但是醫學系學生在藥理學課程一定會學到，也是考試經常會出題的知識。

阿斯匹靈主要的作用是阻斷前列腺素（促進發炎物質的統稱）產生的酵素——環

氧化酶。

舉個例子，想像一下傷口嚴重化膿，傷口處的白血球聚集，與細菌激戰，傷口就成了「戰場」。傷口的微血管擴張、血液集中，所以會紅腫發熱，而白血球和血管內的液體透過血管壁成爲滲出液，由於混合著了白血球的「屍體」，成爲黏稠的膿，還會產生一種稱爲緩激肽（bradykinin）的物質，讓傷口陣陣抽痛。這一連串的過程，就是「發炎」。

前列腺素能促進此一流程的進行，還能驅動腦下視丘的體溫調節中樞，讓體溫上升。只要有過身體嚴重發炎時就發燒的經驗，應該就能很好理解。

而阿斯匹靈可以抑制前列腺素生成，阻斷這一連串的流程，當然可以減輕疼痛、降低體溫，這就是它被稱爲「解熱鎮痛藥」的理由。

除了阿斯匹靈，現在廣泛被使用的解熱鎮痛藥還有洛索洛芬（Loxoprofen）、布洛芬（Ibuprofen）、雙氯芬酸（Diclofenac）等，這些都與阿斯匹靈有相同的作用，統稱爲「非類固醇消炎藥」（NSAIDs）。

如同先前所述，水楊酸的腸胃副作用很強。阿斯匹靈雖然有所減輕，但是仍然有副作用。胃及十二指腸潰瘍（並稱「消化性潰瘍」）是NSAIDs共同的副作用，「止痛卻會胃痛」的事實，這應該已經是常識了。

會引起此副作用，是因爲會阻礙具有保護胃和十二指腸黏膜的前列腺素（E_2或I_2）生成。胃裡有胃酸，是極爲酸性的環境。NSAIDs抑制了前列腺素的生成，所以當黏膜保護變弱，胃酸也就容易傷害胃和十二指腸，不可能兩全其美。

所以長時間服用NSAIDs，胃藥就成了預防潰瘍的必需品。不過並非任何胃藥都有效，長期服用NSAIDs之際，證明能預防消化性潰瘍的胃藥只有氫離子幫浦抑制劑（Proton-pump inhibitor）、前列腺素製劑、H_2受體阻抗劑等幾種。

阿斯匹靈以其優異的功效改變了醫學史。本來「阿斯匹靈」是商品名，現在已經當成藥品名在使用。

順道一提，有關阿斯匹靈研發的小故事，一定會提到霍夫曼的孝行，但實情未必眞的如此。熟悉製藥業界的研究者唐諾．克希（Donald R. Kirsch）在《藥物獵人》一書中提到，眞正有功勞的是猶太裔研究者艾興格林（Arthur Eichengrün）。阿斯匹靈研發的主要人物其實是艾興格林，改變了拜耳公司的命運，但是其成就卻被納粹所隱瞞。

不論如何，改變歷史的新藥研發，都是集結了很多研究者的智慧才得以完成。不管哪一種藥，絕對不是只有一個人發想，雖然不見得能在歷史上留名，但是有無數研究者的心血戮力，我們才可以被救治。

第4章

你所不知道的健康常識

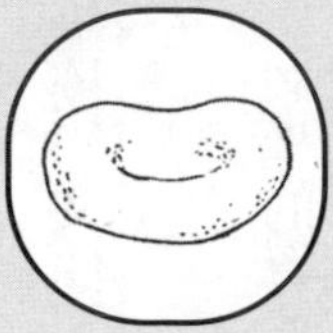

我們不知道的事情，遠比我們知道的還多。

——威廉·哈維（醫師、解剖學家）

沒有必要知道自己的血型

塡寫血型的不可思議

很不可思議的，日常生活中很多地方都會被要求塡寫血型。馬拉松的報名表和號碼牌、幼兒園或學校的文件、貼身的避難包等，都有血型註記欄位。

但是在不少國家，如果要求市民也塡寫同樣的資料，這就困難了。因爲很多人根本不知道自己的血型，問了反而徒增困擾。

究竟我們塡寫的血型資訊有什麼用？或許你會想，莫非是受傷需要輸血時可以派上用場？但這其實是誤會。

輸血前一定會進行血液檢查確認血型。每家醫院所需時間不同，但一般來說，血型檢查結果只需要數十分鐘就能出來。還有在書寫前，一定會進行將患者血液與一部分血液製劑混合，觀察是否出現有害反應的「交叉配合試驗」。

這些不會因爲病患本人主張「我是A型」就省略。即使以前在同一家醫院接受過血液檢查，確切知道血型的狀況下，也一定要做交叉配合試驗（除了術前檢查等例外）。

爲什麼呢？理由很單純。如果誤用了不同血型的血液，會引起危及性命的「溶血反應」，這麼重大的資訊，不能光靠患者自我表述。

另外，很多人是以出生時受檢的結果當作自己的血型，但新生兒的血液檢查不一定正確。有些人以爲自己是A型，第一次手術時接受檢查才知道是B型，不能依賴自我表述的血型也有這個層面的考量。

那麼，如果遇到不知道血型的患者大出血，也來不及做血型檢查的緊急狀況，該如何處置？這個時候就只能相信本人的自我表述嗎？

當然不能。這個時候就只能用O型血了，因爲不管對方是什麼血型，應該都不會引起嚴重的反應。即使是緊急狀況，也不可能只利用自我表述的血型情報。

近年來因爲有這樣的案例，所以出生時很多醫療機構不會驗血型。正在閱讀此書的你，或許不知道自己小孩的血型，完全不用擔心，需要的時候再去檢查即可。

順道一提，我也不知道自己小孩的血型。

血型很多種

在一九〇〇年，奧地利人蘭德斯坦納發現「血液有不同類型」前，錯誤輸血的事故頻傳。

卡爾・蘭德斯坦納
（Karl Landsteiner）

蘭德斯坦納注意到人的血清和他人的紅血球混合後，有的會凝結破裂，有的不會。在經過確認很多樣本配對的反應後，歸納出人有A、B、C三種血液類型的結論。之後的研究又發現了第四種AB型，C型被改稱爲O型。

所謂的血型，就是指紅血球表面的抗原種類。你可以想像細胞表面有很多棘刺狀物，輸血的時候最重要的「棘刺」有ABO和Rh二種系統。

A型紅血球有A抗原，B型紅血球有B抗原，AB型則同時有A抗原和B抗原，O型的沒有抗原；另一方面，A型血清有抗B抗體、B型血清有抗A抗體、O型血清兩種抗體都有，AB型則是兩種都沒有。

看起來非常複雜，但結論很簡單，我們只會有對自己的抗原不反應的抗體。

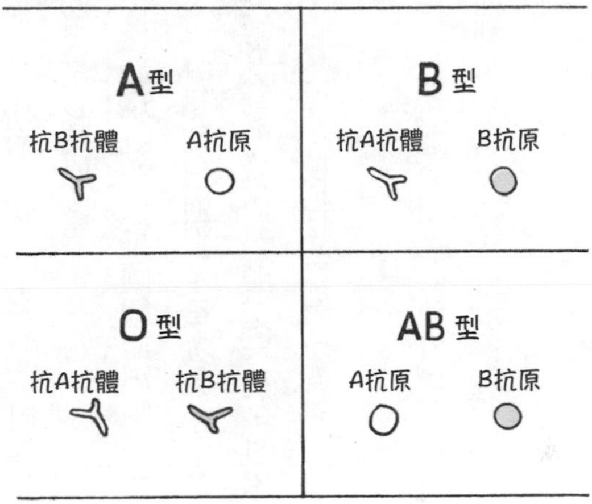

血型與抗原、抗體

抗體和抗原就像鑰匙和鎖孔，如果A抗原對抗A抗體、B抗原對抗B抗體就會產生凝集反應，紅血球就會被破壞。

因此如果把B型的紅血球輸給A型患者、把A型紅血球輸給B型患者，紅血球抗原和抗體會相互結合，凝結破裂。

另一方面，O型的紅血球不管對方是誰都不會凝結，是因爲O型紅血球沒有A抗原也沒有B抗原。不管是稱爲C或O，都是代表「沒有」抗原，也就是「零」的意思。

此一發現在安全輸血普及上扮演極重要的角色。一九三〇年，蘭德斯坦納以此成就獲得諾貝爾醫學生理學獎。

發現Rh

如同ABO有A和B二種抗原，Rh也有C、c、D、E、e等超過四十種抗原。其中有D抗原的統稱爲Rh陽性、沒有的稱爲Rh陰性。錯誤輸血會引起強烈反應的，是D抗原。

發現Rh的還是蘭德斯坦納，是在發現ABO後四十年的一九四〇年。Rh是取恆河猴（Rhesus monkey，德語爲Rhesusaffe）頭兩個字母。因爲Rh是恆河猴共通的抗原。順道一提，日本人罕有Rh陰性者，大約只有〇．五％，台灣人爲〇．三％，但白人則有十五％。

血型還有很多其他分類。MNS血型、P血型、Lewis血型、Kell血型、Diego血型等不勝枚舉。如果是罕見血型，即使ABO和Rh一致，也有可能發生錯誤輸血。

「血型」本來是沒有必要知道的醫學資料，但爲什麼很多人都會記得呢？而且不只是自己的血型，有的人連家人、朋友、同事、上司的血型都一清二楚，實在是很驚人。

理由恐怕是很多人都認同血液性格學說。當然，血液和個性之間的關聯毫無科學根據，只要想到血型的機制，就會知道紅血球表面抗原跟個性有關的說法有多無稽。

當然，也不能受到「你是○型所以會有○○個性」的暗示，因而影響到人格形成。如果眞的是這樣，那對本人是有害的。

不管如何，還是有很多人期待用血型將人歸類。現在電視或雜誌上「○型的人一板一眼」「A型和B型速配指數?」等不可思議的企畫仍舊源源不絕。

人與人之間，要靠直接對話、一起相處，才能初步互相認識。很遺憾的，這眞的不是靠血型就可以了解的事。

危險的寄生蟲——海獸胃線蟲

刺穿腸胃壁的蟲

提到人類感染的寄生蟲，最先會想到什麼？可能塵蟎、蝨子是最為人所熟知的吧！或許也有人想到過去會定期檢查的蟯蟲。但是有一種是更加近在身旁，而且有很多人不知道的寄生蟲——海獸胃線蟲。

海獸胃線蟲是長約二～三公分的細長線狀寄生蟲，會寄生在各種海鮮類身上，在超市等地方採買的時候可以留意一下像是竹筴魚、鯖魚、秋刀魚、鰹魚、鮭魚、沙丁魚、烏賊等，都是較爲常見被海獸胃線蟲寄生的海鮮類。

如果誤食進入體內，蟲體會想要刺穿胃壁或腸壁往裡面鑽，引起劇烈的疼痛，稱之爲「海獸胃線蟲症」。

在以生食海鮮聞名的日本，海獸胃線蟲症每年多達七千件以上❷。各地每天都有很多人因爲劇烈的腹痛被送到醫院，接受緊急檢查（胃鏡）並去除蟲體。

海獸胃線蟲症幾乎都發生在胃部，大多在進食幾個小時後發作；但也可能在小腸發生，稱爲「腸型海獸胃線蟲症」，發作時間則是進食後數十小時到數天。蟲體跟吃進去的食物一起到達小腸，是需要花比較多時間的。

最典型的症狀是劇烈腹痛，也會伴隨噁心、嘔吐。還有大概五％的人會有蕁麻疹或呼吸困難等過敏症狀，也會出現發燒等全身性症狀❸。

胃型海獸胃線蟲的治療方式，是用胃鏡找到蟲體並夾除。胃鏡可以找到想要鑽進胃黏膜，如細絲一般的蟲體。

另一方面，腸型海獸胃線蟲要夾除蟲體很困難，通常胃鏡可以觀察到的極限只到十二指腸入口，小腸深處完全搆不著。那麼該怎麼處理？

事實上海獸胃線蟲大概一週就會自然死亡，因爲人類本來就不是它的宿主，所以在體內無法長期存活。跟我們誤食一樣，海獸胃線蟲也是「誤入」人體。

所以可使用止痛藥舒緩，等症狀自然解除。不過有極爲罕見的案例引起了腸阻塞、腸道穿孔等重症，所以還是要謹慎以對。

預防海獸胃線蟲症的方法

預防海獸胃線蟲症的方法，就是「不要把蟲吃下去」。本來海獸胃線蟲長約二～三公分，粗約〇．五～一公分，在微生物中算是「龐然大物」，肉眼可見。細菌和病毒傳染病之所以可怕，唯一的理由就是「肉眼不可見」，因此海獸胃線蟲等「可見」的寄生蟲，在吃魚前仔細觀察，就可以先去除。

實際上海獸胃線蟲症有十～二十%可以找到二隻以上的蟲體。以前就有個例子蔚為話題，某藝人吃了鮭魚親子丼而罹患胃型海獸胃線蟲症，發現了八隻蟲。吃海鮮時如果沒有特別去注意海獸胃線蟲，很容易就不小心吃下好幾隻。說起來好像很好笑，但實際上眞的是會痛到打滾。

海獸胃線蟲不耐高溫也不耐低溫。六十度、一分鐘以上，或是一百度以上加熱，瞬間就會死亡。還有在零下二十度，放置二十四小時也會死亡❷❸。但是不怕酸，所以泡在醋裡面不會死，沾醬油和芥茉也能夠繼續存活。

我們吃東西時最沒有防備，儘管「把異物吃下去」這件事很嚴重，但大抵都會因為受食欲的驅使而注意力渙散。為了避免遭遇不好的經驗，對於食物裡潛藏的生物生態，應該先熟知會比較好。

最強劇毒：肉毒桿菌

極為強力的神經毒

如果手邊有含蜂蜜的食品，請仔細看一下包裝，上面應該有「請勿給未滿一歲嬰兒食用」的警告標語吧？這是因為嬰兒吃蜂蜜，會有肉毒桿菌食物中毒的風險。

肉毒桿菌是普遍存在於土壤、河川等自然界的細菌。肉毒桿菌製造出來的肉毒桿菌毒素，是非常強力的神經毒。

肉毒桿菌如果進入成人的腸道內，會敗給其他腸內細菌，所以不會有大問題；但是對於腸道環境尚未成熟的嬰兒，肉毒桿菌會在腸道內繁殖產生毒素，引起重症，稱之為「嬰兒肉毒桿菌中毒」。

神經麻痺造成全身無力，喝奶能力下降，脖子也立不起來，嚴重的話會呼吸停止致命，是很恐怖的食物中毒。

雖說一歲以上就可以無所顧慮地吃蜂蜜，但即使是成人，吃到肉毒桿菌毒素太多的食品也是會食物中毒。

曾經有個新聞，是熊本縣的鄉土料理辛子蓮藕眞空包食品，造成十四個縣市、共三十六人發病，十一人死亡的重大事件❹。

患者被神經毒侵襲，出現手腳麻痺、複視、口齒不清等症狀，嚴重者則無法呼吸而死亡。其他類似的案例還有芋頭罐頭、橄欖罐頭、牛肉燴飯眞空調理包等，有不少食品發生中毒的事件。

閱讀至此，大概很多人都有點疑惑。金屬罐頭、玻璃罐頭、眞空包等，就是讓食物不會接觸到外界加以保存的包裝，怎麼看都是「似乎很安全的商品」，但這其實是人類容易陷入的「成見」。

包含我們在內，很多動物是沒有氧氣就活不了，可是細菌之中有很多是不需要氧氣的，稱之爲「厭氧菌」。

厭氧菌又分爲在大氣含氧氣濃度下就會死亡的專性厭氧菌，以及即使有氧氣也可以存活的兼性厭氧菌。前者不只是「不需要氧氣」，而是「有氧氣就活不了」。對於專性厭氧菌而言，氧氣有毒（可以耐受到什麼濃度則因種類而異）。

三十八億年前的地球

本來氧氣對生物就是有毒物質，人類可以利用氧氣，是因爲體內具備有可以將過程中有毒的活性氧無毒化的系統。

大約在三十八億年前，在無氧的地球上初次誕生的生物，當然不需要去利用氧氣。之後隨著地球上的氧氣增加，生物也培養出利用氧氣產生能量的能力。與其說專性厭氧菌「有氧氣就活不了」，還不如說我們「有（有毒的）氧氣也活得了」。

就像你所想的一樣，肉毒桿菌是專性厭氧菌。也就是說像眞空包之類沒有氧氣存在的地方，才是對肉毒桿菌來說最好的環境。肉毒桿菌在眞空包內繁殖，會產生滿滿的毒素，吃了之後就會食物中毒。

此外，肉毒桿菌的特色是會以孢子形態存在。所謂的孢子，就是躲在殼裡面冬眠的狀態，即使在嚴酷的環境下也有極高的耐久性，用酒精等消毒液也不會被殺死，在一百度且長時間沸騰下仍會存活。

要讓肉毒桿菌孢子死亡，需要用一百二十度、加熱四分鐘以上。這種加熱處理過的調理包食品，和沒有加熱處理的眞空包食品，如果不明確標示很容易搞混。前者可以常溫長時間保存，後者則需要冷藏保存，一般來說保存期限也不長。

不同於孢子，肉毒桿菌毒素本身不耐熱，八十度、加熱三十分鐘就會失效。也就是說恐怖的是孢子。嬰兒肉毒桿菌中毒，是孢子進入腸道內繁殖而產生毒素。

順道一提，將肉毒桿菌毒素的有效成分做成藥品可用於治療上，稱之爲肉毒桿菌素治療。

對於顏面或眼皮的痙攣、腦梗塞等後遺症造成手腳痙攣（過度收縮的狀態），具有抑制神經運動的效果，此外也會用於「除皺紋」等美容目的。

配合需求巧妙運用微生物的能力，是人類的得意之舉。抗生素、基因工程的新藥也都是如此。所謂的人類，眞是非常精明的動物。

存在於自然界的劇毒

肉毒桿菌毒素可說是自然界最強的劇毒。後方圖表中的數字，是表示「五十％致死量：注射實驗動物半數死亡量（μg／kg）」，數字愈小，毒性愈強。

依照毒性強弱，依序是肉毒桿菌毒素、破傷風毒素、志賀毒素（痢疾桿菌的毒素）、河豚毒素（河豚毒）。

破傷病菌產生的破傷風毒素也是很強的神經毒。破傷風菌和肉毒桿菌屬於同一個族群（梭菌屬）的專性厭氧菌，主要在土壤中以孢子的形態廣泛存在。由傷口進入體內後，在缺乏氧氣的環境下成長，產生毒素。

破傷風毒素和肉毒桿菌毒素相反，會讓神經過度運動，造成開口障礙（嘴巴張不開）、吞嚥困難（東西很難吞下去）、顏面和全身劇烈痙攣，如果沒有適當治療會死亡。

一九八〇年改編成電影的小說《震動的舌頭》，就是以真實描寫被破傷風毒素侵害的少女而出名。受傷的原因，是被掉落在地上的鐵釘刺到。

破傷風在幼兒時期接種疫苗可以有效預防。二〇一一年東日本大地震時，有十人罹患破傷風，幾乎都是沒有接種疫苗的高齡者❺。

打疫苗可以對破傷風毒素產生抗體，防止破傷風。但是疫苗接種後隨著年齡血液中的抗體會減少，對破傷風的抵抗力下降。因此如果有汙染嚴重的傷口，離最後接種時間超過十年以上的話，一般來說會補接種❺。

毒素名稱	50%致死量
肉毒桿菌毒素	0.0003
破傷風毒素	0.0017
志賀毒素（痢疾桿菌毒素）	0.35
河豚毒素（河豚毒）	10
戴奧辛	22
海蛇毒素	100
烏頭鹼（烏頭）	120
沙林毒氣	420
眼鏡蛇毒	500
氰酸鉀	10000

出處：《毒與藥的科學》（朝倉書店）摘錄、修訂

自然界的劇毒

對生肉的誤解

新鮮的生肉……

「生肉只要新鮮，吃了就不會食物中毒」——這種誤解已經根深柢固。動物的肉沒有充分加熱，一定會有「食物中毒」的風險。食物中毒的風險和「是否新鮮」沒有關係，因爲和我們的身體一樣，動物體內也有各種微生物共生。

尤其是夏秋盛行烤肉的時節，許多官方都會不斷重複生肉或是加熱不充分的肉類的危險性，比如放上豬的圖片，搭配「肉要烤熟才吃喔！」的文字。

爲什麼吃生肉很危險？就像我們的腸子一樣，牛、豬、雞等家畜的腸道內也有很多細菌棲息，其中有對人類有害的細菌，在肉品工廠加工之際，會附著在肉品的表面。

尤其是半熟的絞肉要特別注意，漢堡排必須加熱到中心部都變色爲止。因爲「原本是肉品表面的部分，已經變成不在表面了」。

引起食物中毒頻率較高的細菌有腸出血性大腸桿菌、沙門氏菌、曲狀桿菌、李斯特菌等。

近年來，曲狀桿菌中毒事件每年達二千人，是細菌性食物中毒中最多的。尤其是生雞肉的風險最高，根據調查，雞肉大概有六成左右都有曲狀桿菌❻。

二〇一六年，日本的黃金週假期販賣的生雞肉壽司，就造成東京及福岡超過六百人以上大規模的集體中毒事件。

標榜「新鮮」的商品，即使眞的很「新鮮」，如果最初就有細菌附著在上面，便會引發食物中毒。尤其是生肉和半熟肉品，避免食用才是預防食物中毒的方法。

腸出血性大腸桿菌更加危險，只要微量（從數個到五十個左右）進入體內就會發作❼，產生「大腸桿菌毒素（※）」。

在引起嚴重的腸胃炎之中，有六～七％會出現溶血性尿毒症症候群（ＨＵＳ）或腦部症狀。ＨＵＳ會讓全身陷入嚴重發炎，紅血球被破壞、血小板減少、急性腎臟衰竭等，是致死率高達一～五％的可怕疾病。

順道一提，「大腸桿菌」是統稱，泛指共生在人體腸道內的細菌。另一方面，人類因爲飲食而引起腸胃炎的大腸桿菌是下痢原性大腸桿菌（或稱爲病原性大腸桿菌）的其中一類：腸出血性大腸桿菌。看起來很複雜，不過腸出血性大腸桿菌也是統稱，裡面還分成好幾類。

因此在分類大腸桿菌的時候，會以表面O和H兩種抗原的型態來表示，這樣就可以指名特定的大腸桿菌。

例如腸出血性大腸桿菌，是因爲有發現一五七號O抗原，所以稱爲O–157。正確來說還帶有七號H抗原的H7（O157:H7）、以及沒有H抗原（O157:H–）二種。

O–157的食物中毒，每年發生人數在一百到數百人規模❼。

一九九六年，大阪府國小團膳發生集體食物中毒，超過七千名以上兒童感染，三人死亡（計入因後遺症十九年後死亡者共四人）❽。此一案例在科學證據不足的階段，懷疑是蘿蔔嬰惹的禍，在報導加油添醋之下，一時間全國各地的蘿蔔嬰都消失無蹤，結果眞正引起食物中毒的食材至今仍然不明。

※大腸桿菌毒素分為VT1和VT2兩種，後來研究發現VT1和痢疾桿菌的志賀毒素屬於同一種，所以腸出血性大腸桿菌也被稱為志賀毒素大腸桿菌。志賀毒素是以一八九八年發現痢疾桿菌的日本研究者——志賀潔的名字來命名。痢疾桿菌的學名Shigella也是來自志賀的名字。

二〇一一年，北陸中心地區的三縣二市的燒肉連鎖店，發生腸出血性大腸桿菌O-111的集體中毒事件，共有一百八十一人感染，包含九歲以下的兒童在內，共有五人死亡，肇因的食材是生牛肉片❾。

提到生肉的食物中毒，大多覺得是腸胃炎，但實際並非如此。豬、山豬、鹿很多都感染有E型肝炎，血液中和肝臟都有病毒。吃肉時病毒可能附著在上面，生吃就更可能有引發肝炎的危險，甚至猛爆發作，還可能變成致死的重大感染。

預防食物中毒的方法

將食物充分加熱就可以防範食物中毒。很多病原體在七十五度、加熱一分鐘以上就會死亡，所以肉的中心部位都要充分加熱，這點很重要。尤其是小孩、高齡者、孕婦等重症化風險較高，要特別注意。

另外，腸出血性大腸桿菌不僅存在於生肉，生菜等其他食材也有，前面提到的案例會懷疑蘿蔔嬰就是這個道理。其他還有高麗菜、黃瓜、哈密瓜等，都曾發生過案例。原因可能是與動物接觸，或是遭到糞便汙染。所以食物買回家後要馬上冷藏保存，切生肉的菜刀和砧板一定要清洗。

懷孕中攝取生食尤其危險，因爲有感染李斯特菌的風險。李斯特菌會透過胎盤傳染給胎兒，容易造成流產、死產、新生兒感染等嚴重的併發症。應該避免的食材有生火腿、煙燻鮭魚、法式肝醬（肉或魚）、天然起司（沒有加熱殺菌）等⑩。

人類是攝取各種動物的肉維生。但是動物也和人一樣與數量龐大的微生物共生，有些對牠們無害的細菌，卻對人有重大的危害。從這一點來思考，「把肉加熱」就是非常理所當然的做法了。

任何人都可能發生經濟艙症候群

血栓阻塞肺部

在日韓承辦世界盃賽的二〇〇二年，前日本足球國手高原直泰傳出罹患經濟艙症候群，在日本鬧得沸沸揚揚。

高原選手在波蘭比賽結束後，經由法國返回日本，在飛抵法國後，約有三個小時是在狹窄的飛機艙內度過，結果他一到機場就胸部劇痛。

比賽後的脫水狀態也是發病的風險之一。因爲這樣的時空背景，經濟艙症候群在日本廣爲人知。我自己在醫院說明經濟艙症候群時，幾乎大多數的人都知道病名，讓我非常驚訝。專業性這麼高的疾病，竟然有高知名度。

長時間坐在機艙內狹小的座位上，腿部靜脈血流滯留形成血栓，一起身，血栓就跑到肺部塞住。經過這一連串過程所引起的疾病，就是經濟艙症候群。

腿部靜脈血栓稱爲下肢靜脈血栓，而血栓流到肺部造成阻塞，稱爲肺栓塞。一旦肺部動脈被阻塞，血流無法繼續流到肺部，妨礙氣體交換（送進氧氣，把二氧化碳帶走），會出現突然胸部劇痛、喘不過氣、心悸甚至是昏厥。大塊的血栓如果阻塞到大動脈，就會造成急性心臟衰竭而猝死。

在飛機內一定都會被告知，必須定期伸展並補充水分，就是爲了避免長時間飛行造成的經濟艙症候群。

針對剛降落的乘客，在法國戴高樂機場進行了爲期七年的調查。飛行距離一萬公里以上的航班，每一百萬人有四．八人肺栓篩；但五千公里以下的僅有〇．〇一人⑪。以概略的距離來計算，從日本到芝加哥大約一萬公里，到新德里（印度）大約五千八百公里。

雖然比例不高，但是有一定數量的乘客會遭遇此狀況，有些甚至會丟了性命，所以盡可能要先有對策。

當然，經濟艙症候群除了經濟艙外，商務艙、頭等艙乘客也都有可能發生。在車子裡、家裡，只要條件相同，也可能會發生。

二〇一一年東日本大地震時，很多受災者都長時間待在車內等狹小的空間中，或是被迫在避難所生活，發生下肢靜脈栓塞的案例很多。當時針對福島縣七十九個避難所、二千二百多人所做的調查，約有一成的人有下肢靜脈栓塞[12]。

這種大規模的災害不只是災害本身，很多有問題的都是之後二次性的疾病，下肢靜脈栓塞（接下來就變成肺栓塞）是很重要的例子。

醫院內也要預防血栓

事實上住院也是引發下肢靜脈血栓的因素之一，在醫療院所裡，有很多無法靠自己移動的人、手術中或是手術後必須強制在床上靜養的人。

肺栓塞發作時，院內的死亡率已攀升至十四%。而死亡案例中，有四十%以上都是發作後一個小時內死亡，所以預防至關重大[13]。

首先針對血栓風險程度，將患者分爲「低風險」「中風險」「高風險」「最高風險」四類，並針對各自的風險強度進行對策。

這種分類方式是以年齡、手術種類、有無危險因子（肥胖、惡性腫瘤、重度感染、石膏固定下肢等）條件去評估，因爲「是否會容易血栓」因人而異。

實際上執行的對策包含穿著「彈性襪」這類強力收緊的襪子、抗凝血治療（注射抗凝血藥物）、間歇性的空氣壓迫法等。

所謂間歇性的氣壓壓迫法，是把空氣送入包覆腿部的氣囊，反覆膨脹和收縮避免血液滯留。重複將腿部收緊又放鬆，也就是類似按摩的療法。

這種機械式的腿部氣壓按摩器是醫院常備品，很多人都有在使用。不過這個方式很多人都不知其所以然，對於竟然有這種機器而感到驚訝不已。這可是預防下肢靜脈栓塞、肺栓篩很重要的手段。

擦傷的正確處置

消毒液不利於傷口痊癒

以前如果有擦傷或是割傷，第一步一定是消毒。不論家裡或學校的保健室，必備外傷用的消毒液，諸如酒精製劑、碘酒、白藥水、俗稱「紅藥水」的紅溴汞等，商品種類繁多。

但是近年來已經發現消毒液不利於傷口痊癒。因此除了特殊的狀況，基本上傷口不用消毒，用自來水仔細把砂土、泥巴之類的異物洗乾淨就夠了，不用拚命忍受消毒液碰到傷口的疼痛。

在醫院也是一樣。一般而言，較深、需要縫合的傷口會事前消毒，如果不是就不用消毒。因爲長久以來的習慣，很多人都認爲「傷口需要消毒」，所以或許會有人不滿「都特別去醫院了，竟然不幫我消毒」，不過輕傷「不消毒」才是正確的做法。

可能會有人懷疑「不消毒的話傷口不會化膿嗎？」的確，如果細菌從傷口處侵入並繁殖，就會引起感染（化膿），但就像前面提到的，皮膚本來就常態性會有細菌和我們共生，消毒的瞬間會把這些細菌都殺死，之後就無法防止旁邊的細菌進入傷口，倒不如定期把傷口清洗乾淨還比較重要。

一般而言，輕傷不使用抗菌藥物，是因為在預防感染上沒有作用。傷口在剛開始被感染時，以「治療」為目的使用抗菌藥物是合理的，但是以「預防」為目的是無效的。在還沒感染之前就趕盡殺絕，就像還沒發生犯罪之前就把人逮捕一樣。

但是汙染嚴重的傷口例外。例如被貓狗等動物咬傷，相較於普通的傷口來說感染風險很高，因此會以預防為目的使用抗菌藥物。此外如前所述，在確認傷口汙染程度和疫苗接種時間後，也有可能需要注射破傷風疫苗。

傷口管理上的想法已經大為改變。以前是認為要「乾乾的」，讓傷口保持乾燥比較好；但近年來卻發現讓傷口維持濕潤比較快痊癒，所以通常會在傷口抹上軟膏，以維持濕潤的環境。

外用藥的軟膏和乳膏常常會被搞混，其實完全不同。軟膏類是由藥物成分及基劑所構成，並不是將藥物成分塗抹在皮膚上，而是將藥物成分溶於基劑中再抹上去。

此外，軟膏的基劑是油性成分（凡士林等），乳膏在油性成分之外還含有水分。因此軟膏黏性較強、保濕力較高，對皮膚刺激也比較少；而乳膏水潤滑順、黏性較差、對皮膚刺激性較強，不能使用在傷口部位。所以要塗在傷口上的話，要選用軟膏。

漱口的效果有限

在醫學的世界裡，有些過去以爲是正確、大家都深信不疑的事，在之後的研究中才發現是錯誤……這樣的例子不少，傷口處置正是最典型的例子之一。

其他還有類似的案例，例如漱口藥。

以前像碘酒之類的漱口藥，被認爲有預防感冒的效果，但近年發現用自來水就綽綽有餘。

現在用自來水就能有效預防感冒已經成爲「理所當然」⓮，實際上，醫院除非有特殊理由，否則不會以預防感冒或治療爲目的地開立漱口藥。

漱口藥本身的效果也被認爲是有限的。在新冠肺炎對策中，也不斷宣導「勤洗手、戴口罩、避免密集密切接觸」，但並沒有「漱口」這項。

漱口或許可以將附著在喉嚨上的病原體沖刷掉，但是在下一個瞬間吸入飛到眼前的飛沫，那漱口的效果就前功盡棄了。這就是爲什麼在傳染對策上，漱口的優先順位不高的理由。

雖說如此，像這種「感覺原因很合理的說明」，在之後的研究被翻盤，醫學史上也經常發生。即使現在手邊的材料看起來很合理的說明，那也不過是「暫時的正確答案」而已。

醫療劇與全身麻醉

經常看到的清醒場面

病患全身麻醉接受手術，家人經常會被嚇到的是，手術後病人馬上就可以說話。

從手術室移到病床上的病患，與聚集過來的家屬，這副光景經常出現在醫療劇中，但幾乎不會有本人問答的場景，是因爲回到病房後，要經過一段時間才會緩緩張開眼睛。

「你終於醒了！」身邊的家屬喜出望外，這是連續劇典型的一幕。

事實上很多全身麻醉的手術，麻醉後清醒的時間點就是「手術結束當下」。因爲會在手術室裡退麻醉，並且請病患動動手腳、說話問答來確認之後，才離開手術室。

大多在說明全身麻醉會用「睡著時完成手術」來解釋，但嚴格來說，光只有失去意識並不充分。「鎮靜」「鎮痛」「不動」是全身麻醉的三要素，麻醉中必須維持全部的條件。

「鎮靜」是指失去意識、「鎮痛」是感受不到疼痛、「不動」是肌肉鬆弛（鬆緩的狀態）而沒有動作。這些要靠個別藥物來控制，這就是現代的全身麻醉。

鎮靜是用揮發的麻醉氣體給予患者吸入，或是從靜脈注射靜脈麻醉藥；陣痛是注射專用的肌肉鬆弛劑。這些效果都很短暫，所幸的是也容易調節。在麻醉過程中必須持續不停給藥，在結束時停止給藥，自然效果就會終止。但是要讓肌肉鬆弛恢復，大多需要用抗拮劑（中和藥效的藥物）。

到這邊，有人可能會覺得既然沒有意識和痛覺，爲什麼還需要鎮痛？

事實上無意識狀態下的疼痛，對身體仍會造成很大的壓力，會出現血壓上升等異常狀況。所謂的「疼痛」，是即使沒有知覺也會對身體有害，尤其是手術中如果醒過來，對身體是莫大的傷害，所以鎮靜、鎮痛缺一不可。

此外，即使失去意識，如果肌肉沒有鬆弛，因爲刺激就會有反射性的動作（出現有害反射），也就無法安全手術。所以必須是完全不動（抑制有害反射）的方式，而要以強力的肌肉鬆弛劑，好讓全身肌肉處於完全放鬆狀態。

在全身麻醉中，呼吸肌也會麻痺，自主呼吸會完全停止（無法靠自己的力量呼吸），所以會插管連接人工呼吸器，利用機器的力量自動換氣（空氣進出）。手術結束後，要確認已充分清醒，確實恢復自主呼吸後拔管。如果不靠機器或麻醉科醫師的力量就無法自主呼吸，是無法離開手術室的。

基於以上的理由，患者從手術室出來時已經清醒，並非昏睡狀態。當然剛退麻醉會有點昏昏沉沉，說話咬字不清楚，但幾乎都可以跟家人說話對答。

當然也有例外。像心臟之類的重大手術，一般手術後鎮靜劑、鎮痛藥仍會持續給藥，然後連著人工呼吸器離開手術室，直接進入加護病房。

這種狀況下，手術後不會馬上恢復意識，等身體穩定一點時會減少鎮靜劑的劑量，在較沒有疼痛的狀態下使其清醒，然後確定是否可自主呼吸再拔管，計畫性的中止人工呼吸。

而接受全身麻醉手術的人，很多也不免擔心「萬一麻醉醒不過來怎麼辦」，不過真的不用煩惱。藥效失效後，自然就會醒過來，現代的麻醉技術非常安全。

「麻醉」與「鎮靜」不一樣

內視鏡檢查（胃鏡、大腸鏡等），根據醫療院所不同，有的會提供在睡眠狀態下受檢的服務。這種方式不是全身麻醉，正確來說是「鎮靜」（根據需求也會給鎮痛劑）。雖然是睡眠狀態，但是仍可自主呼吸，不需要使用人工呼吸器，可以說「在睡著期間完成」的方式。

但是一般並不知道有「鎮靜」一詞，都以爲是「麻醉」。眞實情況下，經常會聽到「照胃鏡的時候請幫我『麻醉』」的說法，但這並非眞正的「麻醉」。

當然，很多做內視鏡檢查的診所，在網頁或招牌上都會寫著「麻醉」，某種層面來說，這種失誤性是不得不爲，主要是重視理解的難易度。如果只寫「鎮靜」，那大概看到的人也搞不懂。

順道一提，進行小手術的時候不會全身麻醉，而是採取「局部麻醉」（局部浸潤麻醉）。局部麻醉同樣使用「麻醉」這個字眼，但是作法和全身麻醉完全不同，是將麻醉藥局部注入，達到一定範圍完全無痛。

當然，這時人是在有意識的狀態下，也能自主呼吸、談話。像是傷口縫合、拔牙之類的小手術，沒有需要到失去意識的地步，只要在侷限的範圍，暫時的去除痛覺就能完成治療。

另外，剖腹、痔瘡手術、腹股溝疝氣（俗稱「脫腸」）等，則是去除下半身痛覺的方法，俗稱「半身麻醉」，但正確的說法是「脊髓麻醉」。從背部將藥物注射進脊椎內的蜘蛛膜下腔，讓下半身的範圍麻痺。

大概是肚臍以下的部位痛覺會消失，只剩觸覺，運動神經也會麻痺，所以自己沒有辦法移動下半身。

除了這些之外，還有很多種麻醉方式。例如無痛分娩用的「硬膜外麻醉」，或是特定的神經周圍局部注射麻醉藥的「神經阻斷」，以及前面提到的「脊髓麻醉」統稱「局部麻醉」。

在醫療現場，依照手術的部位、種類、診療科別，會適切的組合或分別使用各種麻醉法。而這個領域的專家，當然就是麻醉科醫師。

第5章
現代醫療的教養

人生苦短，學海無涯。
——希波克拉底（醫師）

體溫很神奇

人體的恆定性

如果你的體溫到了三十八度，你可能會覺得「好高」；如果變成四十度，八成會認爲身體有什麼大問題；但萬一體溫計出現三十三度，你一定會認爲是測量有問題、重新再量一次。

其實這些數字和平常的體溫只有二～三度的差距而已。在我們身邊的一切，幾乎都會配合環境而有大幅的溫度變動。在盛夏超過四十度、隆冬時在冰點以下的環境，人體還能夠維持體溫變動在如此狹小的範圍內，「一點也不普通」。

不僅止於人類，哺乳類、鳥類也都是恆溫動物，這是稱之爲「恆定性」的一種特質。具備不受外界氣溫干擾，體溫可以經常維持在一定溫度的機制。

腦部「下視丘」的部位有體溫調節中樞，也就是決定體溫的總司令。這裡設定的溫度是「定位點」，體溫會自動調節來配合，熱的時候會自然出汗散熱，冷的時候會讓肌肉顫抖產生熱能，同時收縮血管防止熱能散逸。

感冒、身體發炎時，定位點會被設定的比較高，這種狀態就是「發燒」，這是促進免疫機能活化的機制，想像成冷氣設定溫度會比較好理解。

順道一提，定位點往上的時候，即使讓身體冷卻，體溫也不會下降。把冷毛巾放在額頭上、使用退熱貼只會舒緩一點，並不能讓體溫下降。因爲發燒時要讓熱度下降，就必須把定位點降下來，而能降低定位點的藥就是「退燒藥」。

中暑的時候，由於長時間處於高溫潮濕的環境，體溫無法及時調節，所以才會「上升」。不同於「發燒」，此時冷卻身體是有效的手段。

體溫計如何誕生？

截至十七世紀初爲止，並不知道人的體溫有所謂的「正常範圍」，首次發現此事的，是義大利醫師散克托留斯（Santorio Santorio）。

在十六世紀末，伽利略利用水及空氣會隨著溫度膨脹的現象，製作出溫度計的原型。散克托留斯曾與伽利略交流過，應用其技術，製造出有刻度的管狀物來測定溫度的機器。

當然，當時散克托留斯並沒有意識到自己的發明有多重要，直到自十八世紀到十九世紀，測量患者體溫已經慢慢普及爲習慣。

現在的醫療現場，對所有患者量測體溫是重要的醫療行爲之一。住院的病患都有「體溫表」，以圖表記錄體溫起伏，不只是某一個時間點的體溫，觀察一定區間的體溫變化更爲重要。

那麼，平常你是測量哪裡的體溫？

這麼一問，很多人大概都會先回答「腋下」。醫療現場也一樣，基本上是使用家用同類型的體溫計，測量患者的腋下。

但是如果想要更正確的溫度，就會將溫度計直接放入直腸或嘴巴裡。手術中或是加護病房裡沒有意識的病患，一般都是用此方法測定即時溫度。這種方式測得的體溫稱爲「核心溫度」，與皮膚表面測定的體表溫度誤差更小、更正確。

發明體溫計的散克托留斯，大概完全沒有料到未來醫療現場這麼重視體溫量測。事實上他的成就不僅止於此，還有一個名留醫學史的重大發現——經皮水分散失。

所謂的經皮水分散失，指的是皮膚表面或是呼氣時蒸發的水蒸氣，是肉眼看不到的水分。水蒸氣量以成人而言，一天約爲七百～九百毫升，雖然根據條件會有所變動，但是除了肉眼可見的尿和汗以外，竟然流失了這麼多水分。

散克托留斯爲了測量體重，自製了垂釣式的椅子，持續記錄自己的體重。還測量從嘴巴吃進去的食物、喝下去的東西的重量，以及排泄物的重量，發現其中有很大的差異，因此察覺了「看不見的水分散失」。

現今的醫療現場，在調整患者水分平衡、決定點滴量的時候，經皮水分散失都是應該計入的重要指標。在不了解其價值也不懂其必要性的年代，散克托留斯還能察覺到經皮水分散失的存在，其洞察力眞的讓人驚嘆。

窺看體內的技術

透視的光線

透視撲克牌或是骰子是魔術表演的必備元素，但沒有魔術師眞正擁有透視能力。

不過在醫院中，可以簡單「透視」體內的技術卻是經常在使用。大家都知道透過各種影像檢查，不用切開頭部、胸部、腹部，就可以觀察內部的狀態，而人類首次研發出此技術，是在一個多世紀以前。

一八九五年，德國物理學家侖琴（Wilhelm Conrad Rontgen），利用高壓電眞空管，做了一種稱爲「陰極射線」關於光線的實驗。

某天，侖琴發現眞空管即便是在被黑色卡紙覆蓋的狀態下，工作台的螢幕還是有微微的光透出來，光線透過黑紙照到螢幕上。

他對此光線很感興趣，不斷的重複實驗，發現除了卡紙之外，還可以利用各種物質，但是像鉛之類的金屬就無法透過去。他發現了新種類的光線，然後把光線拿來照射手部，不禁大吃一驚，螢幕上竟然出現自己的手骨。

這個沒有名字的光線要如何命名？於是他以數學中代表未知數的X，將其命名為「X光」。

倫琴發表研究成果，X光技術瞬間舉世皆知，也成為非常實用的技術。骨折、卡在身體裡的子彈都能正確診斷，並活用於治療上。

一九〇一年，倫琴以此成就獲得諾貝爾獎，之後「X光」也被稱為「倫琴射線」（Roentgen ray），至今也是醫療現場會使用的正確醫學術語。

發現X光之後，應用方式也不斷演進。一九一三年，德國醫師亞伯特．所羅門（Albert Salomo）將三千例乳房切除標本比對X光片，發表了以X光判別乳癌的方法，也成為之後乳房攝影的鼻祖。

到一九二〇年代，顯影劑已經被廣泛使用。所謂的顯影劑是X光無法透過的液體。將之注入胃或大腸之類的體腔，就可以拍攝到限定部位的影像，能夠讀取形狀和內壁的變化。就是「製造影子」的製劑。

上消化道攝影檢查是胃癌檢查項目之一。下消化道攝影檢查（從肛門處將顯影液注入大腸並拍攝的檢查）也是醫院內頻繁進行的檢查之一。

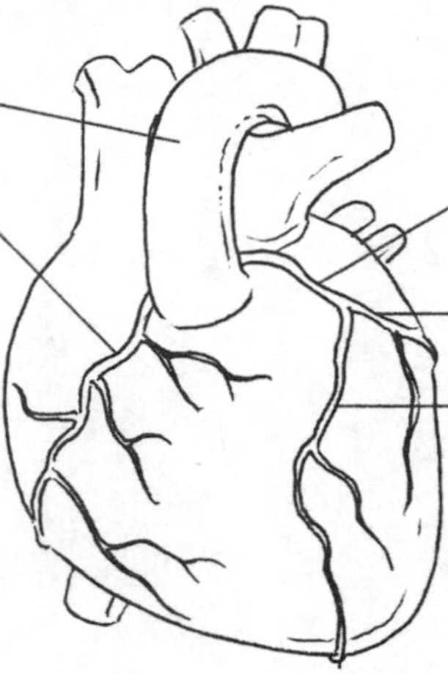

圍繞心臟的冠狀動脈

後來更研發了可以注射到血管裡的顯影液，用於確認腦部和心臟的血管。一九二七年首次發表的腦血管攝影，至今仍是治療腦梗塞、腦動脈瘤的必要技術。

圍繞心臟、負責將血液送到心肌的動脈稱爲冠狀動脈，從大動脈下方有分支，大的是右冠狀動脈和左冠狀動脈，左冠狀動脈又分支爲左前降支和迴旋支。如果哪邊有發生狹窄的狀況，就是狹心症或心肌梗塞。

從手腕等處插入導管直通心臟，在注射顯影液使其流入冠狀動脈內，以X光進行攝影，可以看見血管的走向及狹窄的情形，便於疾病的診斷與治療。

這種導管的技術，於一九二九年由

德國醫師沃納．福斯曼（Werner Forssmann）首次發表。福斯曼發表當下並沒有受到稱許，大家都批評是危險行為，那是因福斯曼竟然把導管插入自己的手腕裡，用X光拍攝導管抵達心臟的狀態。這個時候他才二十五歲。

確立將導管應用在各種檢查法，並且用於臨床上的是美國醫師迪金森．伍德拉夫．理查茲（Dickinson Woodruff Richards）及安德烈弗雷德里克．考南德（André Frédéric Cournand）。

兩人於一九五六年以此成就獲得諾貝爾醫學生理學獎，是在福斯曼的勇敢挑戰的二十七年後。特異獨行的開拓者，其成就不是那麼容易立即就受到認同的。

查看身體剖面的技術

X光運用技術在一九七〇年更加進化，出現了「電腦斷層掃描」（computer tomography），可以立體觀察身體的剖面圖，一般簡稱為「CT」，已經是普及全世界的影像診斷技術。

通常使用X光檢查（單純的X光檢查），無法觀察到「深度」。因為X光是從單一方向照射，只能看到物體前面和後面重疊在一起的影像。

而ＣＴ是使用高速旋轉的裝置，以Ｘ光環繞拍攝人體，再將數據送到電腦分析，處理為立體影像。由於Ｘ光是由各個角度照射，因此可以顯示橫截面。

組成人體的成分，對於Ｘ光線的「穿透難易度」不同，ＣＴ會將此由白到黑以深淺表示。將水設定為「０」，然後將濃度數值化稱為「ＣＴ值」。

例如空氣是「-1000」，呈現出來就是全黑，而骨骼是「250～1000」，呈像會極為明亮。血液大約是「50～80」，比水稍微亮一點點，所以就可以推測「拍到的液體是水，還是血」。

ＣＴ值的單位是「ＨＵ」，全名為「亨氏單位」（Hounsfield unit），命名來自一九七二年研發出ＣＴ，並於一九七九年獲得諾貝爾生理學獎的英國學者高弗雷・豪斯費爾德（Greoffrey Hounsfield）醫師。

ＣＴ是以美國物理學家阿蘭・麥克萊德・科馬克（Allan MacLeod Cormack）於一九六〇年代發表的理論為基礎加以研發。

兩人後來同時獲得了一九七九年的諾貝爾生理學獎。

「MRI比CT更好」的誤解

使用X光檢查的缺點，就是或多或少會暴露在放射線下，所以醫療院所也有不需使用放射線的影像檢查。

其中之一是超音波檢查。所謂的超音波，是向身體表面發送超音波，然後將反射影像化，也稱爲「echo」。echo是「回聲」的意思，這也是廣泛運用在觀察胎兒、心臟跳動、觀察血流等方面的技術。除了沒有放射線之外，能呈現觀察對象的即時動態也是優點，這項技術在一九四〇年開始被使用，之後慢慢普及。

另一個就是磁振造影（MRI），利用磁場將水分含量不同做出對比，和CT同樣可以觀察身體的剖面，優點是沒有放射線。

因爲使用X光CT呈現對比的方式不一樣，所以完成的影像也迥異。依照疾病不同而分開或是合併使用，幫助診斷。

相對於CT只要幾分鐘就可以拍攝完畢，MRI檢查大概需要三十～四十分鐘。因爲會長時間被關在狹小的空間裡，所以接受MRI檢查的人，必須沒有幽閉恐懼症。

ＭＲＩ檢查室有非常強烈的磁場，所以嚴禁攜帶金屬入內。如果不小心把金屬（磁性物體）帶進去，會被磁場吸引以高速度吸進機器裡。二〇〇一年，美國就曾經發生氧氣瓶飛到機器內撞擊男孩的頭部，造成死亡的事故❶。由於沉甸甸的金屬鋼瓶是在極快的速度下飛過來，被撞擊也是一瞬間的事。

ＭＲＩ常常會被誤解是比ＣＴ更優異的精密檢查，其實不然。要以對疾病、器官「各有擅場」的角度來思考才正確，這一點也適用於超音波檢查。有的疾病以超音波最能診斷出來，也有疾病是用ＭＲＩ檢查最有效。

發明ＭＲＩ的美國化學家保羅．勞特伯（Paul Christian Lauterbur）和英國物理學家彼得．曼斯菲爾德（Peter Mansfield），於二〇〇三年獲得諾貝爾生理學獎。

窺看人體的技術，至今為止在醫學界已經獲得好幾座諾貝爾獎，從根本改變診斷的流程。最值得驚嘆的是科技進步，正是在這一百餘年之間發生。

從現代回首過往，在沒有Ｘ光、ＣＴ、ＭＲＩ的時代，可以說是「只能依靠身體表面所獲得的資訊來診斷的時代」。這個時代持續了數千年，之後迎來的時代，正是現在我們生活的時代。

聽診器與兩種聲音

聽診器的發明

診察時最具代表性的手法，就是看（視診）、聽（聽診）、觸（觸診）、問（問診）。

聽診是每個人就醫時都很熟悉的診療方式。醫師會把聽診器貼在患者胸前或背部，這在診間是很常見的光景。

事實上聽診的歷史非常悠久，從古希臘時期就開始施行。但是首次使用聽診器是在十九世紀，以往都是直接把耳朵貼在患者胸部，然後聽聲音診療。

發明聽診器的是法國的醫師雷奈克（René Laennec）。他在為一名有心臟疾病的年輕女性看診時，不想把頭貼在對方胸部，開始用紙張捲成筒狀來聽診。

雷奈克注意到使用紙筒時，胸腔內的聲音很遠卻聽得很清楚，所以他就做了木製的圓筒，並命名為「聽診器」（stethoscope）。然後再將聽診時聽到的聲音，與解剖後的胸部疾病做結合，進行詳細的研究。

一八一九年，雷奈克將研究結果以「間接聽診法」公開發表，奠定了聽診的技術基礎。不只是製作了便利的工具，連「什麼疾病聽起來是什麼聲音」都詳細解析的探究心，正是他名留青史的原因。

之後聽診器漸漸改良，進入十九世紀後半，已經是現在普遍會看到的，兩耳透過橡膠管聆聽的形式。

聽診器有各種不同的價格，每個醫師會根據自己的喜好和需求自行購買。很多在醫學院時代實習時買的是簡易型的產品，成爲正式醫師才買眞正的聽診器。

近年來也研發出電子聽診器，可以藉由電子放大聲音，聽到的聲音也可以錄下來之後重聽，可以用於教學。但雖然容易聽取聲音，因爲需要電池，所以聽診頭的部分很重是其缺點，目前也還沒有普及。

確認死亡時必要的程序

那麼，醫師到底用聽診器在聽什麼？看起來好像很隨興的把聽診器貼在胸口和背部，不過聽診是有既定的步驟的。

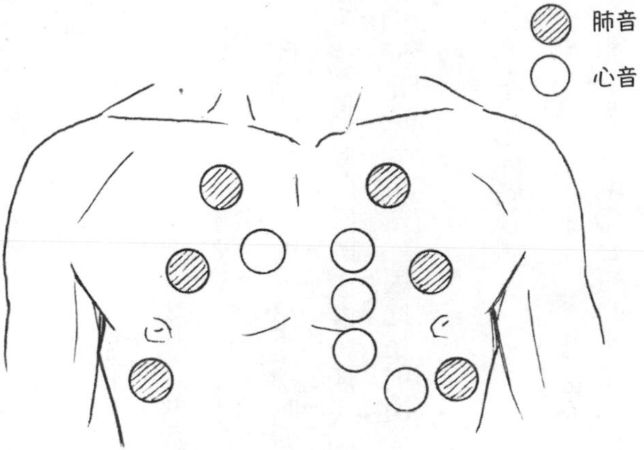

心音和肺音的聽診部位

聽診要聽的主要是心音和肺音。心音可以確認心臟是否有問題，肺音則是要確認肺或氣管是否有異常。聽診器置放的部位也是固定的，基本上如上圖的位置。

黑色圓圈（●）是肺音、白色圓圈（○）是心音。肺音黑色圓圈的位置，在背部相對位置也要聽診。但這個基本步驟並不是每個人都要全部做完。除了聽診之外，還有其他方法可以診察獲得資訊，聽診的重要度會隨著不同症狀而不一樣。

當然如果要所有病患都光著上身仔細聽診，那候診時間會太久，造成病患大排長龍。按照病患各種症狀有客製化的診察方式，適當的區分輕重緩急是原則。

順道一提，聽診器不只是用於胸部和背部。如前所述，還可以拿來聽血管的聲音、為了聽腸音把聽診器用在腹部等。當然不只是醫師，護理師等其他醫療人員工作時都會使用聽診器。

此外，聽診器不只是用在活人身上，在判定死亡時也一定會用到。判定死亡時，要確認聽診器聽不到肺音和心音。接下來要用筆燈照射瞳孔，確認是否對光反射消失。對光反射消失表示腦部機能停止。

所謂的對光反射，是光線照射眼睛時瞳孔會縮小（縮瞳）的反射。眼睛具有根據進光量自動調整的機能，活人的瞳孔徑在僅僅〇．二秒間，可以從最大約八毫米瞬間變化成一毫米。因此反射消失在光一照射到眼睛時，就可以馬上得知。

心電圖測量

想從體表確認心臟的活動，經常會使用心電圖。

如第1章所述，心臟的跳動是靠心肌內的電流傳導來控制。而從體表測定電流傳導，並以波形來顯示的就是心電圖。

在手腳及胸部表面貼上十個電極，量測十二種向量的電流活動，因此也稱之爲十二導程心電圖。檢查中完全沒有疼痛等不舒服的感覺，只要貼上電極、躺下來就可以做完檢查。

心臟有問題時，心電圖的波形會出現特色性的變化，所以是診斷心臟疾病極爲重要的檢查。

將心電圖實用化是從二十世紀開始。一九〇三年荷蘭生理學家埃因托芬首次發表心電圖測定法，之後就廣泛的應用在醫療現場，他也因此成就於一九二四年獲得諾貝爾生理學獎。

威廉・埃因托芬
（Willem Einthoven）

順道一提，左右手和左腳的電極形成的三角形，現在也被稱爲「埃因托芬三角形」。

日本人發明的劃時代醫療器材

紅血球和血紅素

在日本，每年都有很多人因爲吃年糕噎到窒息而送醫，光是東京消防廳管轄地，每年約有一百件，半數以上是發生在十二月和一月❷，這和過年時會吃年糕的習慣有關。

喉嚨被異動卡住，造成空氣的通道堵塞，搶救時間只有短短幾分鐘。如果不能從外界獲得氧氣，不一會兒腦部就會失去功能，之後心臟停止。

組成身體的器官，如果沒有常態性的供給氧氣就無法運作。我們抵抗氧氣不足的能力非常弱。

那我們是如何從外界攝取氧氣呢？

首先是藉由呼吸，讓空氣進入氣管，到達肺部。肺部遍布許多微血管，能讓空氣中的氧氣進入血管中，血液不斷流經全身，供給各個器官氧氣。

負責「氧氣運輸」重責大任的細胞就是紅血球。如果說紅血球是將氧氣送達全身的貨車，那「車斗」就是血紅素。紅血球裡的血紅素會與氧氣結合或分離，到各個地方「將氧氣上貨和下貨」。

如同文章開頭所寫，有很多氧氣不足的病患被送到醫院，而原因除了窒息之外，還有肺炎、氣喘等因爲肺部或支氣管疾病造成氧氣不足的狀況，此時就必須用氧氣面罩來補充不足的氧氣。

那要怎麼知道「氧氣不足多少」？

如同前面所述，血液中含氧，全身都會使用到。因此可以抽血測量血液中血氧飽和度（有多少氧氣溶在裡面）。實際上刺一下手腕的動脈來測量血氧飽和度，是醫院每天的例行公事，也稱爲「血氧濃度檢查」。

但是這個方法有很大的缺點，就是只知道「抽血當下」的狀態。即使一分鐘後病情急轉直下氧氣不足，也沒有辦法立即反映實際狀況。尤其是重症者，時時刻刻病情都會有變化。

「你有肺部重症，不知道什麼時候會突然有變化。今天開始每隔一分鐘就抽血檢查。」如果醫師這樣跟你說，你應該無法接受吧！

另外還有一個缺點，就是對於失去意識的人很難得知「氧氣不足」。例如全身麻醉手術中，呼吸是完全停止，藉由人工呼吸器進行換氣，此時如果肺部發生任何問題，患者根本沒辦法反映「我喘不過氣」。

有沒有像檢查血壓、脈搏、體溫一樣，可以在不傷害身體的狀況下就得知血氧濃度？有一位日本人挑戰了這個難題。

名留醫學史的偉大成就

任職於醫療器材製造商日本光電的研究人員青柳卓雄，就是現在世界廣泛使用的「脈衝式血氧機」的催生者。

青柳注意到與氧氣結合的帶氧血紅素，與沒有結合的去氧血紅素，對於「紅色光的吸收程度」不一樣。

氧氣含量較高血液會呈現鮮豔的紅色，氧氣較少的血液呈現暗紅色。脈衝式血氧機就是利用吸光特性的差異（紅色程度差異）來判別，因此從皮膚表面就可以觀察。也就是說可以知道「正在運貨中的貨車」和「車斗空空的貨車」的比例。

將脈衝式血氧機夾在手指上，立即就可以計算出血氧濃度，並以「百分比」呈

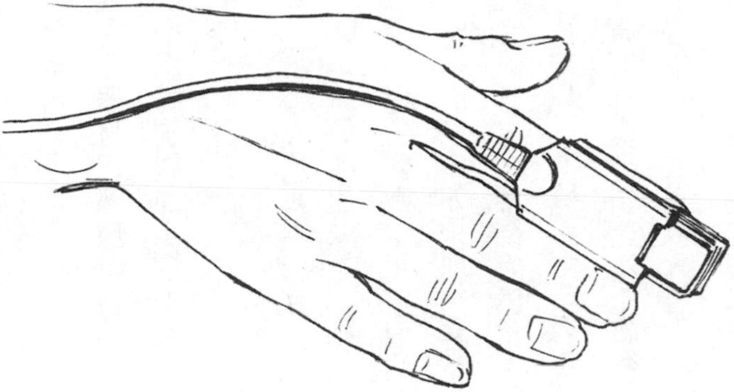

脈衝式血氧機

現，方便到讓人驚嘆不已。

日本光電的官方網頁上，就有以「青柳卓雄與脈衝式血氧機」爲題，介紹了研發的小故事❸。

青柳首次在學會發表此原理是在一九七四年。隔年就將脈衝式血氧機商品化，但是當時並未受到矚目，因此研發中斷。

之後美國發生多起全身麻醉手術的患者因氧氣不足而死亡的事件，脈衝式血氧機才再度受到關注。

一九八八年，日本光電再次發售脈衝式血氧機。當時青柳就如此預言——

「現在的主流是單體器材，但是將來整合型的生理監視器必然不可或缺。」

所謂的生理監視器，是即時量測血壓、脈搏、體溫等維持生命的重要指標，並呈現數據的機器。醫療院所稱之爲「生理監視器」或是「監控」，是很多患者都會使用的醫療器材。

現在此器材已經理所當然把脈衝式血氧機組併在內，如青柳所預測的未來已經實現。使用脈衝式血氧機得到的血氧濃度推測值稱爲「SpO_2」，是了解患者狀態的重要指標。

SpO_2的S是Saturation（飽和度），P是percutaneous（經皮的＝通過皮膚測定），O_2是氧氣，也就是「經由皮膚表面測定的氧氣飽和度」。

順道一提，此數字正常值約爲九十六～九十九％，也就是說健康狀態下是接近一〇〇％。血液中如果血氧經常接近飽和狀態，代表充滿氧氣。

二〇一五年，青柳成爲首次獲得專精醫療技術革新的美國電器和電子工程師協會（IEEE，全稱 Institute of Electrical and Electronics Engineers）大獎的日本人。

在新冠肺炎疫情席捲全世界，脈衝式血氧機發光發熱的二〇二〇年四月，青柳的八十四載的人生謝幕。

雖然他去世的消息沒有被大肆報導，但是對醫療從業人員來說，對全世界的患者來說，這個發明無疑是名留歷史的偉大成就。

氧氣瓶與人工呼吸器

地球上的空氣組成

對於缺氧的人，要提供其不足的氧氣。地球上的空氣成分，氮氣爲七十八·一％，氧氣爲二十·九％、氬氣爲〇·九三％、二氧化碳〇·〇四％。此一成分的氣體從鼻子及嘴巴進入體內。當在說「缺氧」時，也可以說是「缺二十·九％的氧氣」。

那麼，要怎麼把氧氣送給缺氧的人？

方法主要有二種，一種是使用氧氣瓶。氧氣瓶可搬運，可固定於病床上，移動中仍可繼續提供氧氣。氣瓶內的氧氣是以高壓填充，所以鋼瓶很沉很重（重量依尺寸不同，從幾公斤到數十公斤都有），會以專用的立架保管，並使用推車搬運。

當然，氧氣瓶的容量有限。在很多病患都需要氧氣的醫院裡，光靠氧氣瓶無法完全滿足需求，每次用完就要換鋼瓶也很沒有效率，所以將氧氣送給病患還有一個方式，就是氣體管路配備。

在病床旁或是手術室的牆壁上，會有醫療用氣體的專用供氣口，連接管線就可以輕易地取得氧氣。

液態氧會由卡車或是槽車自氣體工廠運送過來，定期補充醫院在戶外設置的巨大容器儲存，然後再通過分布在醫院內的管路，送到需要氧氣的單位❹❺。

經由這些程序得到的氧氣，可以使用鼻導管、氧氣面罩等各種器材送給病患使用。根據病況不同，也可以使用人工呼吸器等器材，使用適合的方式將氧氣送到患者體內。

人工呼吸器的發明是在一八三八年，當時的機器和現代的模樣截然不同。當時是把脖子以下的部位都放入機器中，藉由機器內氣壓下降來擴張胸腔，稱之爲「負壓式」。

鐵肺

以原理來說，「負壓式」比較接近實際的呼吸。

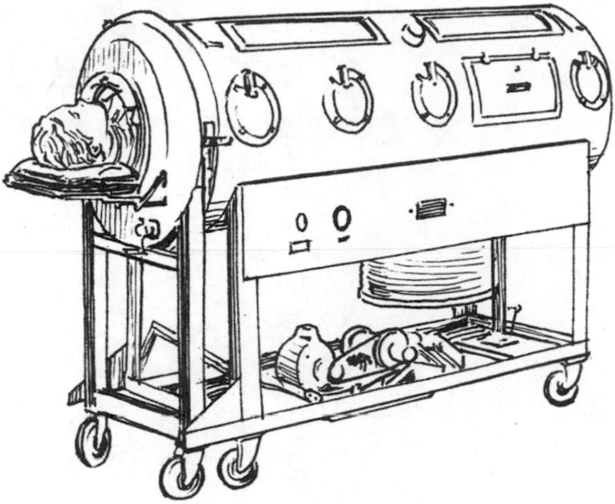

鐵肺

我們的呼吸運動，並不是會有誰從嘴巴注入空氣，而是藉由呼吸肌擴張胸腔的空間，「自然地」讓空氣進入肺裡。

一開始是手動式，一九二〇年代研發了電動的負壓人工呼吸器，以「鐵肺」之名廣爲人知。

一九三〇年代後，「鐵肺」更加普及，原因是由於脊髓灰質炎（即小兒麻痺症）大爲流行。

脊髓灰質炎病毒經常會侵犯中樞神經，引起嚴重的神經障礙，造成下半身麻痺及呼吸肌麻痺。

一旦呼吸肌麻痺就無法自主呼吸，需要在「鐵肺」中待一～二週進行治療，等待恢復。在小兒麻痺大流行的時候，醫院排放了一整列的「鐵肺」，讓人數眾多的患者接受治療。

而現在的醫療院所是使用正壓式，也就是將導管插入氣管中，從裡面擴張肺部的人工呼吸器，於一九五〇年代所研發。

現在的人工呼吸器小型化，可以在醫院裡輕易移動。也可以用租借的方式，在家使用人工呼吸器。

順道一提，小兒痲痺由於疫苗普及，全世界病例驟減。雖然尚未根絕，但是世界衛生組織在一九八八年公布小兒痲痺根絕計畫之後，至今已減少了九十九％以上，因此幾乎沒有人因爲罹患小兒痲痺而需要使用人工呼吸器了。

開洞進行手術

從肚臍開洞也沒問題

接受腹腔鏡手術的人，聽到「要在肚臍上開個小洞」的說明，都會被嚇到。大家對於肚臍都有特別的懸念，總是覺得「開了洞會有不好的影響」而感到不安。

肚臍是胎兒和母體臍帶連接時的退化組織。胎兒泡在羊水中，無法呼吸也不能進食，所以透過臍帶與母體交換氧氣和二氧化碳、獲取養分。流經臍帶的血液，會從胎兒的肚臍流入體內，然後再到各個器官。

其實我們的體內，連接肚臍和肝臟、肚臍和膀胱之間也有「退化組織」，分別稱爲「肝圓韌帶」「臍正中韌帶」，雖然已在體內閉鎖，出生後就喪失功能，但是過去在母體裡是維繫胎兒生命的血管。

出生後，因爲可以靠自己的嘴呼吸或進食，所以肚臍已經成爲沒有必要的器官，手術時切開也不會有什麼大問題，甚至也有因爲某些原因而整個拿掉的。

有神話故事說打雷的日子要把肚臍藏起來，要不然會被小鬼偷走，但事實上，肚臍的確是「被拿走也無所謂的構造物」。

肚臍原本是腹腔內部對外連接的出入口，所以缺少堅硬的肌肉或筋膜，不過也因此特別薄，容易安全的到達腹腔內。從這個觀點來看，肚臍最適合在手術的時候拿來開洞。

一般的腹腔鏡手術，首先是在肚臍處開洞，再將一種稱為穿刺套管的圓筒狀器材插入，接下來把攝影機放進去，然後一邊觀察腹部裡面的狀態，在其他地方也開幾個小洞，同樣把穿刺套管插入。

一邊看攝影機拍攝的影像，一邊使用長得像取物夾的器械（鉗子），在腹腔內進行手術。原理就和「高空樹枝剪」一樣。

另外，其實腹腔內一片黑暗，所以鏡頭前端附有強烈的光源。藉由此光源照亮體內，才有辦法進行手術。

以往提到腹部手術，一般而言就是在腹部正中央切開的「開腹手術」。近年來腹腔鏡手術快速普及，很多手術都使用相機進行。雖然在腹腔內進行同樣的作業，但是因為使用了高畫質的攝影機，可以呈現超越人類肉眼精細度的微距影像，這也是手術時的優點之一。

更進一步，以往拚了命都很難觀察到的腹部深處，也可以用類似潛望鏡的攝影機，提供手術者清晰的視野，也是很大的優點。

除了腹部之外，胸部的手術也普遍使用相同的方法，稱之爲胸腔鏡。操作原理是一樣的，即使是被肋骨包圍的狹小深邃空間，也可以放入攝影機，提供精細的影像。

腹腔鏡、胸腔鏡這類將攝影機放入體內進行的手術，統稱爲「內視鏡手術」。世界上首次施行內視鏡手術，是在一九八〇年的膽囊摘除手術。隨著攝影機益發精密，每年可適用的器官愈來愈多，現在胸部和腹部內幾乎所有的器官都可以適用內視鏡手術。

不過現在仍有些病例必須使用開腹、開胸手術，這些手術不會消失。雖然說內視鏡手術日益增加，但也是會根據病情來區分手術方式的。

機械人手術？

二〇一八年的醫療劇《黑色止血鉗》中，出現了名爲「達文」的機械手臂，而且眞的就是手術實際在使用的「達文西外科手術系統」。天才外科醫師渡海征司郎坐在控制台上的姿態，完完全全就是如假包換的外科醫師。

手術用的機械手臂「達文西外科手術系統」，是由美國直覺手術（Intuitive Surgical）公司研發，於一九九九年開始販售。名字當然是來自於解剖學造詣高超的文藝復興時期天才——達文西。

使用機械手臂也是內視鏡手術的一種型態。由機械手臂拿著之前提到的「鉗子」，然後由人類操縱進行內視鏡手術。而拿著攝影機的當然也是機械手臂。

大家聽到「機械手臂手術」，都誤以爲是「機械人」來進行手術，其實並非如此。只是機械手臂拿著鉗子，操縱者還是人類。因此正確來說應該是「機械手臂支援手術」，是機械人來幫助手術者。

機械手臂手術有各種優點。因爲鉗子有關節，所以在體內深處的動作自由度高。更由於是坐著操作，所以可以減輕手術人員的疲勞，也可以看到3D影像，接近肉眼所能看到的視野。

假設手要移動五公分，那機械手臂只需要移動一公分，移動的幅度縮小的「運動縮放」（Motion scaling）操作簡便，也是優點。比如位於骨盆深處的前列腺癌，是最能發揮機械手臂強項的器官之一。

二〇一九年，全球市占率超過七成的「達文西」專利到期，手術支援手臂的研

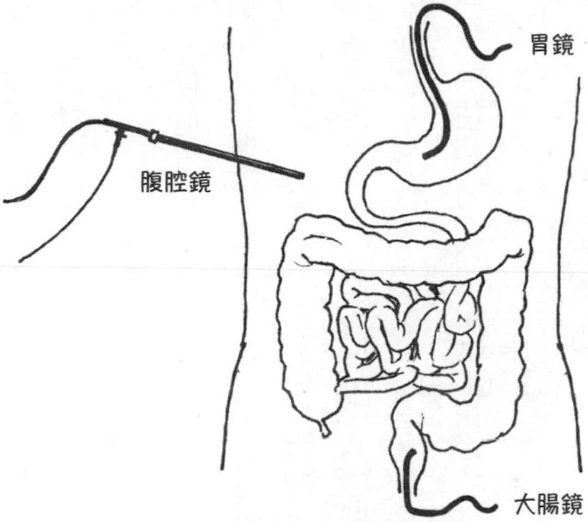

內視鏡可以看到哪些部位？

發競爭更加白熱化。有好幾家日本企業也參與其中，後續成長值得期待。

有關內視鏡的誤解

提到「內視鏡」，大多數的人首先會想到的就是胃鏡和大腸鏡。這些當然也是「內視鏡」的一種，但胃鏡和大腸鏡能看到的是消化道裡面，也就是食道、腸胃等內腔。

另一方面，腹腔鏡、胸腔鏡可以看到消化道的外壁，但是看不到內腔。隔著消化道壁，內外是兩個截然不同的世界。

嚴格來說，消化道因爲是跟外界連接的空間，所以裡面不是「體內」，而是「體外」，嘴巴也是。消化道內有很多細菌和我們共生，而被消化道壁隔開的領域，才是正宗的「體內」，是無菌空間，也就是腹腔鏡和胸腔鏡所看到的部分。

說個題外話，用腹腔鏡進行胃癌或大腸癌手術時，因爲看不到消化道內腔，如果是「外壁」還不會有變化的初期階段，根本不知道癌細胞的病灶在何處。

以前用開腹手術可以用手觸摸確認位置，但是腹腔鏡手術手沒辦法伸進去肚子裡，外科醫師根本不知道「該切除哪裡才好」。

因此一般會於手術前使用胃鏡或大腸鏡，在靠近腫瘤的附近注射墨汁，讓外壁透出黑色來確認位置，或是手術中同時使用胃鏡或大腸鏡，一邊確認位置來決定切除線。

即使都是「內視鏡」，用途也完全不同。

世界最初的胃鏡

第一次窺看活人的胃內部，是發生在一八六八年的事，德國醫師庫斯莫爾（Adolf Kussmaul）請吞劍藝人來幫忙嘗試，這時使用的還是直線型的金屬管。

而第一次拍到胃裡的影像、研發出世界第一個胃鏡的，是日本企業奧林巴斯，時間在一九五二年。這個時點還只能拍攝靜止的畫面，眞的誠如其名指示「胃部照相機」，但是本體是「軟性（有彈性）」可彎曲。

一九六〇年代，利用嶄新的素材——玻璃纖維，終於可以即時觀察胃部。它是能傳導光線「可彎曲的玻璃纖維」。後續隨著影像技術進步，內視鏡也不斷演進，現在可使用高畫質系統呈現高畫質影像。

近年來，本來只用於觀察的胃鏡和大腸鏡，也被使用於初期胃癌和大腸癌的刮除治療，一般稱爲「內視鏡治療」。深度如果超過某個程度，就必須進行手術（過度刮除會穿孔），淺層的話不用手術就可以治療。

有關消化道內視鏡，奧林巴斯在全球市場的市占率高達七成❻，在此領域居於世界領導地位。

驚人進化的手術器械

帶有人名的鋼製小物

手術現場所使用的金屬器械，很多都帶有人名，而且多半都是冠上研發者的名字。諸如柯克鑷子（Kocher）、止血鉗（Pean）、平衡鉗（Mikulicz）、綳帶剪刀（Lister）、艾利斯鉗（Allis）、巴柯氏鉗（Babcock）、血管組織鉗（DeBakey）、愛迪生鑷子（Adson）實在是多到不可勝數。每一種形狀和用途各異，依照各種狀況區分使用。

手術中，會有爲數眾多的器械在手術台上，護理師會依照醫師的要求把器械遞過去，因此在手術中會不斷出現唱名的聲音。

如果以日文比喻，就是一直輪番喊著「鈴木！」「佐藤！」「本田！」「山本！」「齊藤！」。

這些金屬製器械經過嚴格的滅菌後，會不斷重複使用；但近來醫療器材廠商研發出的多種電子手術器械大多都是一次性，也就是用完即丟。

以往用傳統金屬製剪刀剪開，現在則用加熱器械一邊凝固一邊切開，需要用線綁住血管止血的地方，也改以電燒的方式封起來，這種專用的器械在現場統稱爲「電刀」。

廠商幫這些電刀取了比較帥氣的名字，例如「雙極雷聲刀」（THUNDERBEAT，奧林巴斯）「超聲刀」（HARMONIC，嬌生）「組織凝集刀」（LigaSure，美敦力）等，簡直就像機器人或是武器，聽起來非常時尚。

不只是簡稱，全名更是像某種武器。研發的數量之多，已經到了如果是喜歡器械的人一定會非常興奮的地步。

隨著技術的進步，以及高性能器械不斷投入現場，手術就更加安全了。

當然，除了電子器械之外，也研發出便利的手術器械。最具代表性的就是自動縫合器，誠如其名，就是可以自動縫合傷口的器械。

消化道是食物的通道，是從嘴巴到肛門的單一道路，不管切除哪個部分，都必須將上游和下游縫合起來。

以往所有縫合都是靠醫師的雙手，但是近年來很多都交給器械來處理。如果要打個比方，就像用針線手縫和用裁縫機縫的差異。

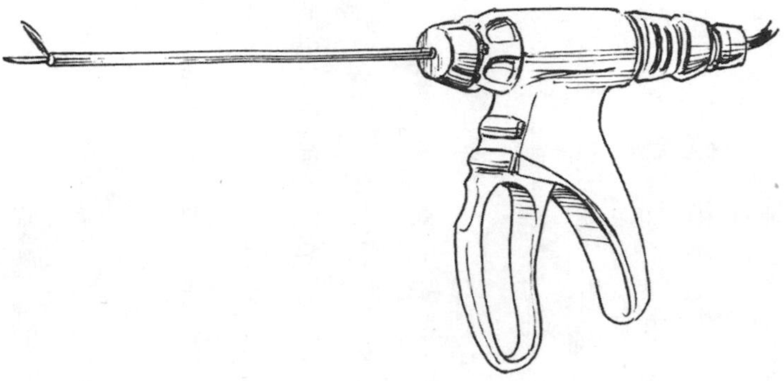

電子器械

手術用的自動縫合器會有類似訂書針的金屬針，以細密的間隔移動，一下子就可以縫合完畢。

當然還是有需要手縫的狀況。但是由於便利器械的引進，隨著時代可以提供更安全更均質的治療。

在醫療劇中，處理手術場面時，都是將鎂光燈集中在一位天才身上。擁有無法模仿之絕技的聖手，能讓劇情掀起高潮。

但如果是自己要動手術，那就另當別論了，大家應該都會希望在各個醫療院所都能接受到同樣水準的手術吧。

與其擁有「誰都模仿不來的技術」，還不如讓這個技術普及化，能造福更多人。而這些便利性高的器械，在技術普

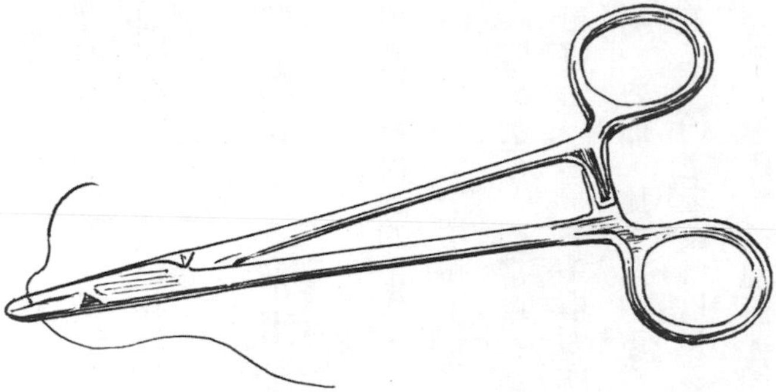

持針器和彎曲的針

及上有很大的貢獻。

裁縫與手術的差異

先前有把手術比喻成縫紉，但是以針來說，手術和縫紉完全不同。手術的時候所用的針，與其拿縫紉用的針來比擬，因爲針有大角度的彎曲，還不如說像「魚鉤」比較正確（也會有使用直線型的針，但是使用頻率較低）。

此外，針的拿法也跟縫紉不同，是用一種稱之爲持針器的金屬工具來拿針。利用旋轉手腕配合針的彎曲度來縫合。彎曲的程度和針的粗細種類繁多，應付各種場合所需。

縫線的粗細和材質也有各式各樣。

手術中要從眾多的縫線選擇需要的來使用，其中還有一種「可吸收縫線」，能留在體內自動溶解。隨著科技進步，縫線的性能也在進化。

縫線的粗細以數字表示，規則是數字愈大縫線愈細。縫合細緻的組織或血管需要用細的縫線，而較粗壯的組織就要用粗的縫線，依照各種場合來區分使用。

手術刀其實不常用

提到外科醫師的工作，首先想到的一定就是手術刀。不過手術刀其實使用的頻率不高。有不少手術除了一開始切開皮膚那一刀，之後就不會再用到手術刀。

在醫療劇裡，經常會看到主角說「手術刀！」然後護理師遞上一把手術刀的場景，事實上，通常「手術刀就只有用一次」。

另一方面，比手術刀更常使用的是「電刀」，使用方式和手術刀一樣，是很單純的工具，通電之後可以一邊電燒微血管，一邊切開。

身體有無數的微血管，因此使用銳利的刀子會容易出血。利用電刀一邊通電一邊切割，可以預防微血管出血。

在外科治療的世界裡，特別容易感受到器械進步帶來的好處。短短幾年之間，接二連三導入新器械，手術的品質也大幅提升。

生活中的電腦、電視性能，相較於十年、二十年前都已經進化很多，手術使用的器械，性能自然也是每年都在進步。

爲什麼醫師的手術袍是藍色的？

減輕眼睛疲勞

提到醫療從業人員的服裝，或許很多人印象都是「白色」。的確，醫師、護理師等人大多穿著白衣，但是在手術或是治療時，穿戴在身上拋棄式的物品，絕對是「藍色系」居多。回想一下連續劇的手術場景，應該就很好理解，例如口罩、髮帽、手術袍、手術台上的墊子，都是淡藍色～綠色。

爲什麼呢？因爲藍色和綠色是紅色的互補色。

在出血較多的治療場合，醫療從業人員會一直盯著紅色看。如果床單、手術袍是白色的，那視線移動的時候，就會有青綠色的殘影，這就是所謂的補色殘像。此時如果物品使用互補色的藍色系，可以減少殘像影響視野，並減輕眼睛的疲勞。

經常使用的「拋棄式物品」

在醫療院所最常使用的拋棄式物品，就是口罩。醫療從業人員一般使用的不織布的口罩稱之為「外科口罩」，大多也是用藍色。

外科口罩有兩種類型，一種是耳掛型，一種是帶子綁在後腦杓的綁帶型。以穿戴方便度來說，當然是跟市售口罩一樣的耳掛型比較好。但是耳掛型有個缺點，就是無法配合臉部大小來調整鬆緊度。臉太小口罩尺寸不合，馬上就會滑下來，但手術中帶著滅菌手套時，雙手不能碰觸臉部，即便口罩滑下來也沒辦法自己戴好，因此要進行長時間手術時，大多會選擇安定性較好的綁帶型口罩。

而且耳掛型口罩有長時間使用會耳朵痛、長疹子之類的缺點，因此也有人在手術之外也選用綁帶型口罩。

而綁帶型的缺點，是在後腦杓上下要綁二個結，配戴的時候有點麻煩。另外，要在眼睛看不到的地方打結，不習慣的話也會有點麻煩。

現實的狀況是會考量這些用品的特性，再按照喜好和必要性去使用。

N95口罩呼吸困難

另外一種在醫療場經常會用到的，就是「N95口罩」。在診療有空氣傳染風險的傳染病時，醫療從業人員會基於預防感染的目的來配戴。

空氣傳染的傳染病，最具代表性的就是痲疹、水痘、結核病，飛沫會隨著咳嗽、噴嚏飛散而出成爲感染源的飛沫傳染。當飛沫的水分蒸發後，變成更小的粒子成爲感染源，就是空氣傳染。

這些小粒子稱爲「飛沫核」。飛沫核的尺寸約直徑五微米以下，也就是說一公分的二百分之一以下。

飛沫含有水分比較重，所以即使飛散也會隨著重力馬上就往下掉；但是飛沫核很輕，可以長時間懸浮在空氣中，離得遠的人也有感染的風險。

外科口罩無法捕捉未滿五微米的粒子，但是N95可以捕捉〇·三微米的粒子，因此可以預防空氣傳染的傳染病。

雖說如此，因爲配戴時會感到呼吸困難，不可能長時間使用，醫療院所也只有在非常有限的情況下才會使用N95口罩。比如在從事感染風險高的作業時，才會短時間的使用，當然也不建議病患配戴。

有時候在路上會看到有人配戴N95口罩，如果正確配戴應該會呼吸困難，根本很難持續行走，推測大概是跟皮膚沒有密合，還留有縫隙，這樣預防感染的效果就大爲下降，還不如好好佩戴市售的不織布口罩比較有效。

爲什麼血液是紅色的？

透明的輸血

說到輸血，很多人應該認爲是「把紅色的液體輸入體內」。事實上輸血除了紅色的液體之外，有時候還會輸入透明、帶黃色的液體，可能會讓你大吃一驚。

血液的成分中，紅色的只有紅血球而已。往往我們會覺得「血液都是紅色」，實際上除了紅血球之外，其他的成分都不是紅色。

例如擦傷時會有透明的液體滲出，這種稱之爲滲出液的液體，也是血液的一部分。這是治療傷口必需的成分，透過血管壁跑到外面來。由於不含紅血球，所以不是紅色。

那麼血液是由什麼組成的？

血液約四十五％是細胞，剩下的五十五％稱爲血漿。細胞成分大部分是紅血

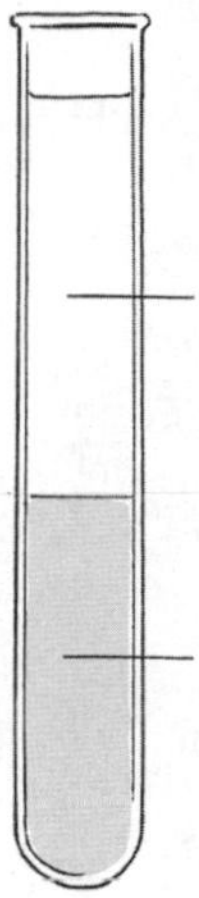

血液的成分

球，只有一％是白血球和血小板。

另一方面，血漿有九十一％是水，其餘是各種蛋白質、葡萄糖、電解質等各種物質。

現在的輸血方式稱爲「成分輸血」，也就是只輸入血液成分中不足的部分。

紅血球不足的人輸入紅血球製劑、血小板不足的人輸入血小板製劑，有的是需要血漿製劑。這些製劑中紅色的也只有紅血球製劑。

幾乎沒有「直接輸血」

在醫療劇中，會有家人說出：「如果血不夠，請用我的血。」的場景。

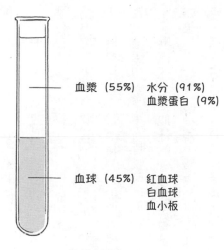

實際在醫療現場時，偶爾也會聽到有人這樣說，但是現在原則上不會直接進行「全血輸血」，而是會花費相當的功夫，將「全血」分別製成各種血液製劑，然後才輸血。

首先將捐血收集而來的血液去除白血球，分離成紅血球、血小板、血漿，再確認是否有會造成血液感染的病毒（ＨＩＶ、肝炎病毒等）、細菌。

ＨＩＶ、Ｂ型或Ｃ型肝炎病毒等，即使感染之後也不會馬上出現症狀，但病原體依舊不少。來捐血的人可能根本不知道自己被感染，如果檢查後有感染的疑慮，就不會拿來當血液製劑。

製劑經過放射線照射的步驟也很重要。放射線照射是讓血液中殘存的白血球失效，雖然在一開始的時候可以去除掉大部分的白血球，但無法達到百分之百。

淋巴球是白血球的一種，負責抵禦來自體外的細菌、病毒等異物的免疫功能，如果進入他人的身體，體內的淋巴球會增生並加以攻擊，如此會引起全身嚴重的反應，稱之爲ＧＶＨＤ（移植物抗宿主病）。而放射線照射，正是防範ＧＶＨＤ的處理方式。

此外，血液製劑不可能百分之百沒有病毒。雖然機率很低，但是仍有極少數的比例在檢查時會漏掉。尤其是感染初期（空窗期），病毒非常難以檢出。

因此如果被認爲有感染疑慮，就不能參與捐血。紅十字會訂定過去六個月內有與不特定的異性或是新異性性行爲、男性同性性行爲、使用麻藥、毒品、ＨＩＶ檢查結果陽性（包含六個月前），或者曾與上述人員有性行爲，都是「不能捐血」的對象❼。

美到讓人屏息的自然定律

行文至此，有關人體最重要的問題還沒有回答，那就是爲什麼紅血球是紅色的？

答案是因爲血紅蛋白含鐵。血紅蛋白是由血紅素和珠蛋白結合而成，血紅素是由有機雜環化合物紫質（※）組成，該環內中心含有鐵原子（Fe）。

金屬離子一般會與其他物質結合，形成錯合物，各自會帶有特殊的顏色。錯合物在高中化學課學過，或許有些人還有一些模糊的印象，鐵的錯合物血紅素就是紅

※Porphyrin，由碳原子（C）、氫原子（H）、氮原子（N）規則排列組成的環狀構造有機化合物。

色的。

血液中含鐵，經驗上應該有很多人知道。舔一舔血會有鐵的味道、鐵質不足會引起貧血，這些都是很普遍的常識。

順道一提，植物會呈現綠色，是因爲葉綠體中有葉綠素這種色素，葉綠素的構造和血紅素驚人地相似，只是有機雜環化合物紫質的中央有鎂（Mg），鎂的錯合物就是葉綠素。

植物的葉綠素能吸收光能產生氧氣，這就是光合作用。另一方面，動物體內與葉綠素有相同構造的血紅素，則是負責運送氧氣。遙想這悠長的進化過程，就可以發現這種美到讓人屏息的自然定律。

不過自然界負責運送氧氣的不只有血紅素。一部分的昆蟲、蝦子、螃蟹、烏賊、章魚等生物，是以銅的錯合物血藍素來運送氧氣。這些生物的血液是藍色的，就是因爲銅的緣故。

自然界的生物，會將金屬巧妙的攝入體內，然後有效運用。而有趣的是，外觀如此迥異的各種生物，「對於氧氣的處理方式如此類似」。

愈是生存上必需的機能，就會超越物種使用類似的系統。這是必然的，自然淘汰下留存的結果，也是最完善的機能。

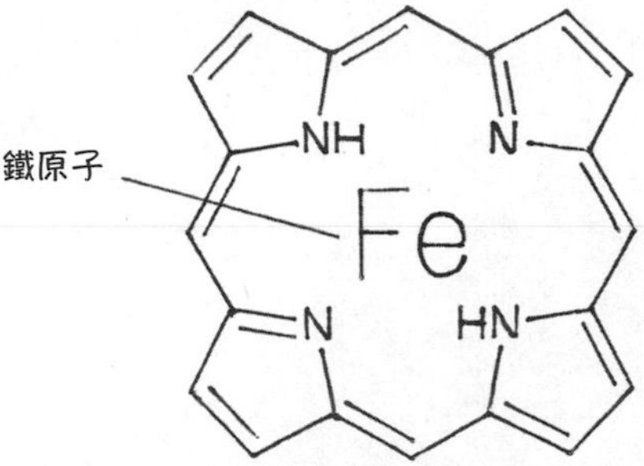

鐵（Fe）配位共價鍵→血紅素

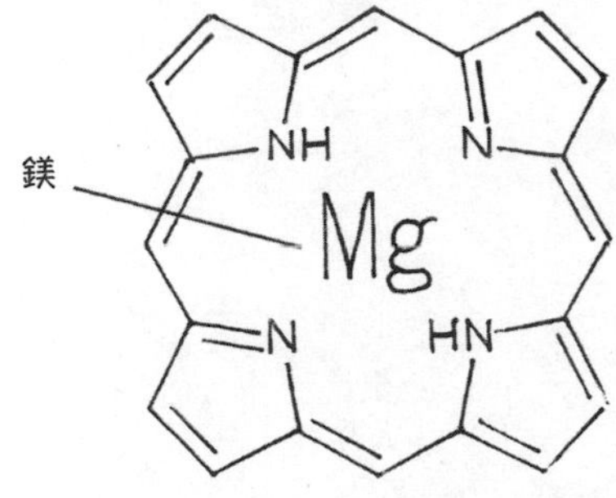

鎂（Mg）配位共價鍵→葉綠素

血紅素與葉綠素

後記
人體眞的是巧奪天工，既美麗又神秘

心臟跳動讓血液循環全身。

食物轉換成可以活動身體的能量。

只是一個小小的受精卵，卻長成有模有樣的個體。

雙親的特徵會遺傳給孩子。

這些現象都是自然界普遍會發生的連鎖化學反應所造就。如此精巧構造，讓人都不禁相信應該有什麼特別、肉眼無法看見的超自然力量，但事實上這一切，都可以藉由化學或物理的法則來說明。醫學這門學問，就是花了很長的時間揭開這一切的神秘面紗，是科學的要角之一。

人體和自然界無數的有機物並沒有那麼大的差異。醫學進步而揭示出來的眞相，可能會讓很多人失望，但我認爲這才是醫學有趣的地方。只是用了存在於自然界「各種可運用的材料」，就創造出這樣的系統，這才是讓人感到神秘莫測之處。

正因爲醫學也是科學，所以能將身體的疾病以科學的語言說明，而治療的方法也可以藉科學之力產生。

我覺得醫學最迷人之處，就在於你知道乍看之下混沌不明的人體與疾病機制，可以有條不紊的「用科學說明」。

那麼醫學的未來又會是什麼樣的光景？

醫學到目前爲止，都是提供人類與疾病戰鬥、打敗對方的手段。醫學的進步使人的壽命延長，克服許多疾病，群體死亡率顯著下降。

過去是人類通力合作共同禦敵的時代。

而接下來則是每個人拿著自己的武器，各自奮戰的時代。人類雖然是同一個物種，但是每一個人都是獨立的個體，各自有不同的科學上的、遺傳學上的特徵。即便大家都染上同樣的疾病，也不代表相同的藥對所有的人都有效。

最理想的狀況，是能配合每個人提供量身訂做的治療，這就是「精準醫療」（precision medicine）。隨著基因解析技術進步，這種機制也慢慢的具體化。

例如買衣服的時候，相較於只有S、M、L三種尺寸可以選，當然是量好身體各部位的尺寸去訂做比較合身，道理是一樣的。

科學技術的革新，會爲今後的醫學帶來莫大的助益。使用ＡＩ進行高精密的診斷、手術採用導航系統，都持續穩定進步中。百年後的醫學，一定是以現在想像不到的形式來治療人們的疾病。

協助本書企畫案的發想、題材的選定是鑽石社田畑博文先生。田畑先生給我的方向，是希望讀者看完之後能很開心地說：「知識眞是包羅萬象啊。」談到人體，就是從頭到指尖；談到醫學，就從過去到未來。如果能像在山上遠眺廣闊風景一樣，可以從高處俯瞰知識，那一定很舒心。

當然要網羅醫學這門學問的整體知識，實在是太讓人敬畏惶恐的嘗試。但是能傳達醫學的樂趣，滿足很多人對知識的好奇心，一定要「某人」來做出這本書。想讀的人應該很多。至少我自己很想看。

本書就是在這樣的矛盾心情中寫下來。如果能讓大家樂在其中，那身爲作者的我眞的是無上喜悅。

在科學的世界，普遍沒有「正確」的眞實存在。隨著學問進步，「正確」是會不斷變化。在史實的解讀上，觀點也因人而異，充其量是以參考文獻爲本，透過我的眼睛來描寫世界。希望這能成爲某人學醫時的一個「入門磚」。

讀書指南

（備註：有原文書名者，台灣未有中文版發行。）

現在讀完本書，你的「人體冒險」也還沒有結束，你只是往巨大深邃的知識洞窟踏進了一步，我們才剛剛開始呢！

我認爲透過學習能提升的與其說是「知識量」，還不如說是「所學不足的自覺」。學得愈多，益發覺得自己無知，學海浩瀚讓人驚嘆。

物理學家卡洛·羅威利（Carlo Rovelli）在其著作《時間的秩序》中寫道：「驚嘆的想法正是我們求知欲的源頭，當我知道時間不是如我們想像中的那樣，無數的疑問於焉誕生」。

這裡的「時間」可以置換成「醫學」「生物學」「語學」等各種主題。「了解」某樣事物並不是終點，而是「無數的疑問於焉誕生」的出發點。

關於本書，我最後的，也是最重要的任務，可以說現在才站在起跑線，今後要靠你自己的雙腳繼續冒險，爲了指引你必須給你幾張我手邊的「地圖」。

由此觀點提供給大家的就是「讀書指南」。

這裡要介紹幾部「對人體、醫學有興趣的人一定要讀的書」給大家，如蒙參考甚是萬幸。

•《萬病之王》　作者：辛達塔・穆克吉（Siddhartha Mukherjee）

穿越四千年歲月說明癌症是怎樣的疾病，細膩描述其病因及投注心血研究治療法的人們。

談論癌症的書籍很多，本書最大的特色是作者穆克吉不但現職是醫師，而且是位處第一線治療患者的腫瘤內科醫師。對現代癌症治療現況知之甚詳，以回顧癌症歷史的作品來看彌足珍貴。

•《只要好好活著，就很了不起》　作者：更科功

身為生物學家的作者，傳達生物學樂趣的作品。雖然說是「寫給年輕讀者」，但是無論男女老幼，可以滿足每個人深入學習的願望，是內容非常扎實的一本書。

想要學習生物的我們，本身也是生物，想要了解生物就無法只是探究自我的存在而不顧其他，為此繼續追根究柢就會到達「哲學」的領域。是會讓人認眞思考的內容。

•《有趣到讓你不想睡的病理學通識》　作者：仲野徹

作者為病理學的專家，對於人體的機制、疾病的成因，主要從細胞、分子水準的微米視角來解說的一部作品，推薦給想要深入了解人體結構及疾病的人。

如同作者所說，本來是打算寫給「附近的老先生、老太太」閱讀，所以淺顯易懂且幽默，但內容卻是誠如書名非常充實的「病理學講義」。可以好好學習、非常有飽足感的一本書。

•《醫學全史從西洋到東洋．日本為止》　作者：坂井建雄

（原文書名：医学全史——西洋から東洋・日本まで）

當今我們享受的現代醫學是如何演進而來？以詳盡的原典資料為本，縝密回顧醫學史的一部作品。不輕易編造「通俗易懂的故事」，而是淡淡地把史實揉合其中，是本書的魅力，也是值得信賴之處。作者為解剖學家，也是醫學史的佼佼者。

本書還有一本姊妹作，《圖說醫學的歷史》（原文書名：図説　医学の歴史），也就是本書的「專業版」，圖片豐富，是極具分量的學術書，推薦給想要深入了解醫學史的人。

• **《漫畫醫學史》　作者：茨木保**

（原文書名：まんが医学の歴史）

在醫學史作品中最適合的「入門」之作。作者是醫師兼漫畫家，在教科書裡很難想像的人物群像和偉人們之間的對話，透過漫畫馬上就能理解。

本書是短篇集的型態，聚焦於各種人物，例如南丁格爾、野口英世等，而在我這本書中沒有介紹到的人物，也都以短篇的主角登場。可以更廣泛了解醫學史。

• **《藥物獵人》　作者：唐諾．克希（Donald R. Kirsch PhD）、奧吉．歐格斯（Ogi Ogas PhD）**

作者是投身製藥產業三十五年，精通業界內情的作家。列舉著名藥廠或藥品，一邊回顧大家熟知的藥學史，並帶出背後（不爲人知）的人間悲喜劇。

閱讀本書，可以充分了解研究新藥就是苦難綿迭的修業，會被偶然的因素所左右。同時我們日常生活中使用的很多藥品，是經過多少艱難危險才得以問世，眞的會想對相關的研究者致上最高敬意。

• **《殺或治》　作者：史蒂夫．帕克（Steve Parker）**

（原文書名：Kill or Cure）

收錄兩百幀以上彩色照片及圖片，介紹從史前時代到現代的關鍵事件。被認爲是接受開顱手術的史前時代頭蓋骨、醫師養水蛭用的壺等，實物照片充滿震撼力。如果是像我一樣學生時代喜歡收集社會科資料的人，這本是最完美的作品！

參考書目、文獻

（備註：有原文書名者，台灣未有中文版發行。）

- 《醫療大發現》（原文書名：Great Discoveries in Medicine）　作者：威廉・拜能（William Bynum）、海倫・拜能（Helen Bynum）
- 《改變歷史的50種醫藥》　作者：吉爾・保羅（Gill Paul）
- 《殺或治》（原文書名：Kill or Cure）　作者：史蒂夫・帕克（Steve Parker）
- 《圖說改變世界的50種醫學》（原文書名：Comprendre les plus grands courants médicaux qui ont marqué notre histoire）　作者：蘇珊・奧爾德里奇（Susan Aldridge）
- 《圖說醫學的歷史》（原文書名：図説　医学の歴史）　作者：坂井建雄
- 《醫學全史 從西洋到東洋・日本爲止》（原文書名：医学全史——西洋から東洋・日本まで）　作者：坂井建雄
- 《從郵票看糖尿病歷史》（原文書名：切手にみる糖尿病の歴史）　作者：堀田饒
- 《萬病之王》　作者：辛達塔・穆克吉（Siddhartha Mukherjee）
- 《藥物獵人》　作者：唐諾・克希（Donald R. Kirsch PhD）、奧吉・歐格斯（Ogi Ogas PhD）
- 《新藥誕生》（原文書名：Miracle Medicines）　作者：羅伯特・L・修克（Robert L.

Shook）

- 《乙醚之日》（原文書名：Ether Day） 作者：茱莉・M・芬斯特（Julie M. Fenster）
- 《拯救全世界心臟的城鎮》（原文書名：世界の心臓を救った町） 作者：嶋康晃
- 《標準微生物學 第14版》（原文書名：標準微生物学 第14版） 作者：神谷茂監修、錫谷達夫、松本哲哉編
- 《Mims' 微生物學》（原文書名：Mims' Medical Microbiology） 作者：理查・戈林（Richard V.Goering）
- 《標準生理學 第9版》（原文書名：標準生理学 第9版） 作者：本間研一監修、大森治紀、大橋俊夫總編、河合康明等人編
- 《蓋頓生理學 第13版》（原文書名：Guyton and Hall Textbook of Medical Physiology） 作者：約翰・E・霍爾（John E. Hall）
- 《加農生理學原著第13版》（原文書名：Ganong's Review of Medical Physiology） 作者：金・E・巴雷特（Kim E. Barrett）
- 《毒與藥的科學》（原文書名：毒と薬の科学——毒から見た薬・薬から見た毒） 作者：船山信次

第1章

❶《論座》〈回到地球的太空人無法行走的理由〉
https://webronza.asahi.com/science/articles/2016111500010.html

❷"Sudden sensorineural hearing loss in adults: Evaluation and management" Peter C Weber. UpToDate.

❸《咳嗽指引第2版》（日本呼吸器學會 咳嗽指引第2版製作委員會編、二〇一二）

❹《感染症専科醫師教科書 第I部 解説篇 改訂第2版》（日本感染症學會編、南江堂、二〇一七）

❺日本小兒科學會〈～日本小兒科學會「你該知道的疫苗情報」～No 17腮腺炎疫苗（http://www.jpeds.or.jp/uploads/files/VIS_17otafukukaze.pdf）

❻日本醫師會〈菸品的健康危害〉（http://www.med.or.jp/forest/kinen/damage/）

❼《H.pylori感染診斷與治療指引 2016 改訂版》（日本幽門螺旋桿菌學會指引製作委員會編、先端醫學社、二〇一六）

❽《消化性潰瘍診療指引2020改訂第3版》（日本消化器病學會編、南江堂、二〇二〇）

❾日本小兒科學會〈Injyry Alert（傷害快報）〉（http://www.jpeds.or.jp/modules/injuryalert/）

❿《外傷初期診療指引JATEC改訂第5版》（日本外傷學會、日本急救醫學會監修、日本外傷學會外傷初期診療指引改訂第5版編輯委員會編、健康出版、二〇一六）

⓫《外傷専門診療指引JETEC改訂第2版》（日本外傷協會監修、日本外傷學會外傷専門診療指引改訂第2版編輯委員會編、健康出版、二〇一八）

⓬障礙者情報Net work normanet「都道府縣別人工肛門（取得身障者手冊者）人數」（http://www.normanet.ne.jp/~yhamajoa/y.joa%20photo09/osjinkoratio.pdf）

⓭『大腸癌治療指引醫師用2019年版』（大腸癌研究會編、金原出版、二〇一九）

⓮” Nature and quantity of fuels consumed in patients with alcoholic cirrhosis” O E Owen, V E Trapp, G A Reichard Jr., M A Mozzoli, J Moctezuma, P Paul, C L Skutches, G boden (1983). Journal of Clinical Investigation, 72:1821–1832.

⓯The Guardian「How David shrank as he faced Goliath」（https://www.theguardian.com/world/2005/jan/22/science.highereducation）

⓰” Fracture of the penis: management and long-term results of surgical treatment, Experience in 300 cases “Rabii El Atat, Mohamed Sfaxi, Mohamed Riadh Benslama, Derouiche Amine, Mohsen Ayed, Sami Ben Mouelli, Mohamed Chebil, Saadedine Zmerli (2008). Journal of Trauma, 64:121–125.

第2章

❶World Health Organization「The top 10 causes of death」（https://www.who.int/news-room/fact-sheets/detail/the-top-10-causes-of-death）

❷” Impact of smoking on mortality and life expectancy in Japanese smokers: a prospective cohort study " R Sakata, P McGale, E J Grant, K Ozasa, R Peto, S C Darby (2012). British Medical Jounal, 345:e7093.

❸國立癌症研究中心——癌症資訊服務「詳解菸品與癌症」（https://gamjoho.jp/public/pre_scr/cause_prevention/smoking/tobacco02.html）

❹" Time for a smoke? One cigarette reduces your life by 11 minutes" M Shaw, R Mitchell, D Dorling (2000). British Medical Journal, 320:53.

❺《疫學——肺炎的疫學所顯示的眞實？——從死亡率看呼吸器科醫師的現況與未來》三木誠、渡邊彰（2013）．日本呼吸器學會誌、2(6)：663–671.

❻農林水產省〈腳氣病的發生〉（https://www.maff.go.jp/meiji150/eiyo/01.html）

❼《日清．日俄戰爭與腳氣病》內田正夫（2007）和光大學綜合文化研究所年報〈東西南北〉

❽雪印牛乳株式會社〈雪印惠乳業食物中毒事件〉（https://www.meg-snow.com/corporate/history/popup/oosaka.html）

❾ Centers for Disease Control and Prevention「Duration of Isolation and Precautions for Adults with COVID–19」(https://www.brazoriacountytx.gov/home/showdocument?id=12303)

❿" COVID–19: Epidemiology, virology, and prevention" Kenneth McIntosh. Up ToDate.

⓫" Geographic pathology of latent prostatic carcinoma" R Yatani, I Chigusa, K Akazaki, G N Stemmermann, R A Welsh, P Correa (1982). International Journal of Cancer, 29:611–616.

⓬《前列腺癌診療指引2016年版》（日本泌尿器科學會編、Medical Review、二〇一六）

⓭《格林──巴利症候群 費希爾症候群診療指引2013》（日本神經學會監修、〈格林──巴利症候群、費希爾症候群診療指引」製作委員會編、南江堂、二〇一三）

⓮Centers .for Disease Control and Prevention〈Campylobacter（Campylobacteriosis）〉（https://www.cdc.gov/campylobacter/guillain-barre.html）

⓯厚生勞動省檢疫所FORTH〈祕魯的格林──巴利症候群集體染病相關資訊〉（https://www.forth.go.jp/topics/201906180925.html）

⓰〈遺傳性乳癌卵巢癌症候群（HBOC）診療指引2017年版〉（「我國遺傳性乳癌卵巢癌之臨床遺傳學特徵說明及運用基因情報改善預後相關之研究」班編）（http://johboc.jp/guidebook2017/）

⓱《遺傳性大腸癌診療指引2020年版》（大腸癌研究會編、金原出版、二〇二〇）

⓲《彩色版 安德伍德病理學》（安德伍德著、鈴木利光、森道夫監譯、西村書店、二〇〇二）

第3章

❶輝瑞公司〈美國總公司的歷史1900年~1950年〉（https://www.pfizer.co.jp/company/history-us/1900-1950.html）

❷"Kaposi's sarcoma in homosexual men-a report of eight cases" K B Hymes, T Cheung, J B Greene, N S Prose, A Marcus, H Ballard, D C William, L J Laubenstein (1981). Lancet, 2:598–600.

❸愛滋預防情報網API-Net「世界概況」

(https://api-net.jfap.or.jp/status/world/pdf/factsheet2020.pdf)

❹日本肝膽胰外科學會「肝細胞癌」(http://www.jshbps.jp/modules/public/index.php?content_id=7)

❺《肝癌白皮書　平成27年度》(日本肝臟學會編、二〇一五)
(https://www.jsh.or.jp/lib/files/medical/guidelines/jsh_guidlines/liver_cancer_2015.pdf)

❻厚生勞動省檢疫所ＦＯＲＴＨ〈C型肝炎相關(情況說明書)〉
(https://www.forth.go.jp/moreinfo/topics/2017/1208116.html)

❼岡山大學新聞稿「視覺障礙之致病疾病全國調查：第1名爲青光眼～多爲高齡者，且有增加之傾向」(二〇一八)
(https://www.okayama-u.ac.jp/up_load_files/press30/press-180927-6.pdf)

❽日本生活習慣病預防協會〈ＣＫＤ(慢性腎臟病)之調查・統計〉
(http://www.seikatsusyukanbyo.com/statistics/2019/009992.php)

❾"Lower Extremity Amputation" Cesar S. Molina, JimBob Faulk.
(https://www.ncbi.nlm.nih.gov/books/NBK546594/)

❿糖尿病net work〈世界糖尿病日　世界糖尿病人口增加至4億６３００萬人 糖尿病已然是重大威脅〉
(https://dm-net.co.jp/calendar/2019/029706.php)

⓫《消化性潰瘍診療診引2020改訂第3版》(日本消化器病學會編、南江堂、二〇二〇)

第4章

❶日本輸血・細胞治療學會〈血型相關〉(http://yuketsu.jstmct.or.jp/general/for_blood_type/)

❷國立感染症研究所〈何謂海獸胃線蟲病〉
(https://www.niid.go.jp/niid/ja/kansennohanashi/314-anisakis-intro.html)

❸《健康檢查上消化道內視鏡檢查中發現14例海獸胃線蟲病之檢討》金井尚子、帶刀誠、田口淳一、草野敏臣、山門實(2016)、健康檢查、31:480–485.

❹〈基於眞空包裝辛子蓮藕造成A型肉毒桿菌中毒事試做辛子蓮藕製造過程HACCP計畫〉日佐和夫、林賢一、阪口玄二(1998)、日本包裝學會誌、7(5):231-245.

❺《醫療相關人員的疫苗指引第3版》(日本環境感染學會 疫苗委員會編、二〇二〇)

❻厚生勞動省〈曲狀桿菌食物中毒之預防(Q&A)〉
(https://www.mhlw.go.jp/stf/seisakunitsuite/bunya/0000126281.html)

❼厚生勞動省〈腸出血性大腸桿菌Q&A〉
(https://www.mhlw.go.jp/stf/seisakunitsuite/bunya/0000177609.html)

❽堅市〈難忘O-157堅市學童集體腹瀉之日〉
(https://www.city.sakai.lg.jp/kosodate/kyoiku/gakko/yutakana/o157/o157wasurenai.html)

❾厚生勞動省 食品安全部監視安全課 食物中毒被害情報管理室〈連鎖餐廳腸出血性大腸桿菌食物中毒之發生〉

（https://www.mhlw.go.jp/stf/shingi/2r98520000025tz2.pdf）

❿厚生勞動省〈給即將成爲母親的你 有關食物你該知道的事〉
（https://www.mhlw.go.jp/topics/syokuchu/dl/ninpu.pdf）

⓫” Severe Pulmonary Embolism Associated with Air Travel” F Lapostolle, V Surget, S W Borron, M Desmaizieres, D Sordelet, C Lapandry, M Cupa, F Adnet (2001). New England Journal of Medicine, 345:779–783.

⓬《福島縣東日本大地震災後靜脈栓塞發病狀況》高瀨信彌、佐戶川弘之、三澤幸辰、若松大樹、佐藤善之、瀨戶夕輝、坪井榮俊、五十嵐崇、山本晃裕、高野智弘、藤宮剛、橫山齊（2012）、第18次肺栓塞症研究會（會議紀錄）

⓭《肺栓塞及深部靜脈栓塞之診斷、治療、預防相關指引（2017年改訂版）》（二〇一八）

⓮” Prevention of upper respiratory tract infections by gargling: a randomized trial” Kazunari Satomura, Tetsuhisa Kitamura, Takashi Kawamura, Takuro Shimbo, Motoi Watanabe, Mitsuhiro Kamei, Yoshihisa Takano, Akiko Tamakoshi (2005). American Journal of Preventive Medicine, 29:302–307.

第5章

❶《MRI檢查之安全管理：事故事例之檢討》日本職業・災害醫學會會誌、52:257–264.

❷東京消防廳〈消除年關前後之急救事故〉
（https://www.tfd.metro.tokyo.lg.jp/camp/2020/202012/camp2.html）

❸日本光電工業株式會〈青柳卓雄與脈衝式血氧機〉
（https://www.nihonkohden.co.jp/information/aoyagi/）

❹《醫療氣體供應系統》尾頭希代子、安本和正（2012）、昭和醫學會雜誌，72:14–21.

❺《術中管理與醫療氣體～氧氣從哪裡來？～》佐藤暢一（2013）. Medical Gases, 15:55–57.

❻奧林巴斯集團企業情報網〈奧林巴斯的強項〉
（https://www.olympus.co.jp/ir/individual/strength.html?page=ir）

❼紅十字會〈愛滋病、肝炎等病毒帶原者、以及有此疑慮者〉
（https://www.jrc.or.jp/donation/about/refrain/detail_04/）

監修・銘謝

小林知廣（京都路內斯醫院泌尿科）

柴田育（牙科醫師・株式會社SPARKLINKS董事長）

武田親宗（京都大學醫學部附屬醫院麻醉科）

沼尚吾（京都大學醫學部附屬醫院眼科・一般社團法人MedCrew代表理事）

堀向健太（東京慈惠會醫科大學葛飾區醫療中心小兒科）

前田陽平（大阪大學醫學部附屬醫院耳鼻咽喉科）

Eurasian Publishing Group
圓神出版事業機構
用心與你對話・視野無限寬廣
如何出版社
Solutions Publishing

www.booklife.com.tw reader@mail.eurasian.com.tw

Happy Body 193

了不起的人體：如此精妙，如此有趣，說不定還能救你一命

原文書名：すばらしい人体：あなたの体をめぐる知的冒険

作　　者／山本健人
譯　　者／張佳雯
發 行 人／簡志忠
出 版 者／如何出版社有限公司
地　　址／臺北市南京東路四段50號6樓之1
電　　話／（02）2579-6600・2579-8800・2570-3939
傳　　真／（02）2579-0338・2577-3220・2570-3636
總 編 輯／陳秋月
副總編輯／賴良珠
責任編輯／丁予涵
校　　對／丁予涵・張雅慧
美術編輯／金益健
行銷企畫／陳禹伶・朱智琳
印務統籌／劉鳳剛・高榮祥
監　　印／高榮祥
排　　版／杜易蓉
經 銷 商／叩應股份有限公司
郵撥帳號／ 18707239
法律顧問／圓神出版事業機構法律顧問　蕭雄淋律師
印　　刷／祥峰印刷廠
2022年7月　初版

定價360元　ISBN 978-986-136-625-8

合成出新物質時，各國的勢力消長和生活方式也會跟著改變，真的很有趣！

一提到「化學」，很多人會嚇得倒退三步。事實上，化學是一門研究物質結構、性質和反應的科學。

只要你懂化學，化學就會幫助你。本書將告訴你生活中各種材料與物質的前世今生，讓你更冷靜地面對各種廣告話術、更聰明地使用各種用品，也更睿智地思考自己與環境的關係。

——《世界史是化學寫成的》

國家圖書館出版品預行編目資料

了不起的人體：如此精妙，如此有趣，說不定還能救你一命／山本健人 著；張佳雯 譯. -- 初版 -- 臺北市：如何出版社有限公司，2022.07

336 面；14.8×20.8 公分 --（Happy Body；193）

譯自：すばらしい人体：あなたの体をめぐる知的冒険

ISBN 978-986-136-625-8（平裝）

1. CST：人體學

397　　111007537